『十三五』国家重点图书出版规划项目

画说草莓

优质高效栽培关键技术

中国农业科学院组织编写

樊丽 李连国 王红彬 主编

U0349619

中国农业科学技术出版社

图书在版编目（CIP）数据

画说草莓优质高效栽培关键技术 / 樊丽，李连国，王红彬主编 . —北京：中国农业科学技术出版社，2020. 5

ISBN 978-7-5116-4682-8

Ⅰ. ①画… Ⅱ. ①樊… ②李… ③王… Ⅲ. ①草莓—果树园艺—图解 Ⅳ. ①S668.4-64

中国版本图书馆 CIP 数据核字（2020）第 058437 号

责任编辑 金 迪 李 华
责任校对 贾海霞

出 版 者 中国农业科学技术出版社
北京市中关村南大街12号 邮编：100081
电　　话 （010）82109708（编辑室）（010）82109702（发行部）
（010）82109709（读者服务部）
传　　真 （010）82106650
网　　址 http: // www.castp.cn
经 销 者 各地新华书店
印 刷 者 北京富泰印刷有限责任公司
开　　本 880mm × 1 230mm 1/32
印　　张 4.5
字　　数 121千字
版　　次 2020年5月第1版 2020年5月第1次印刷
定　　价 29.80元

编委会

《画说『三农』书系》

《画说草莓优质高效栽培关键技术》

编委会

主　编　樊　丽　李连国　王红彬

编　委（按姓氏笔画排序）

邓　渊　闫　峰　孙平平　李正男

李石恒　张　璐　张艳芳　罗　军

唐　悦　谢　岷　薛红飞

言

农业、农村和农民问题，是关系国计民生的根本性问题。农业强不强、农村美不美、农民富不富，决定着亿万农民的获得感和幸福感，决定着我国全面小康社会的成色和社会主义现代化的质量。必须立足国情、农情，切实增强责任感、使命感和紧迫感，竭尽全力，以更大的决心、更明确的目标、更有力的举措推动农业全面升级、农村全面进步、农民全面发展，谱写乡村振兴的新篇章。

中国农业科学院是国家综合性农业科研机构，担负着全国农业重大基础与应用基础研究、应用研究和高新技术研究的任务，致力于解决我国农业及农村经济发展中战略性、全局性、关键性、基础性重大科技问题。根据习总书记“三个面向”“两个一流”“一个整体跃升”的指示精神，中国农业科学院面向世界农业科技前沿、面向国家重大需求、面向现代农业建设主战场，组织实施“科技创新工程”，加快建设世界一流学科和一流科研院所，勇攀高峰，率先跨越；牵头组建国家农业科技创新联盟，联合各级农业科研院所、高校、企业和农业生产组织，共同推动我国农业科技整体跃升，为乡村振兴提供强大的科技支撑。

组织编写《画说“三农”书系》，是中国农业科学院在新时代加快普及现代农业科技知识，帮助农民职业化发展的重要举措。我们在全国范围遴选优秀专家，组织编写农民朋友用得上、喜欢看的系列图书，图文并茂展示先进、实用的农业科技知识，希望能为农民朋友提升技能、发展产业、振兴乡村做出贡献。

中国农业科学院党组书记 张合成

2018年10月1日

前言

草莓，被誉为“浆果皇后”，具有色泽鲜艳、柔软多汁、口感丰富等优点，深得人们喜爱，加之品种繁多、口味各异，以满足不同人群的需求。草莓除了鲜食外，还有消炎祛热、通经止疼等功效。另外，草莓的加工品也深得广大群众的喜爱。

草莓适应性较广，全国各地均有栽培，栽培形式多样，基本上形成了鲜果的周年供应。近几年来，中国草莓种植技术取得了长足发展，单位面积产量和经济效益得到显著提高。一些优良品种的引进和配套栽培技术的应用使得草莓产业良性发展，得到了消费者的认可，各地观光采摘园盛行。

然而，随着草莓种植面积的不断扩大，草莓生产者面临的问题日益严重，例如，品种更新速度慢、栽培技术水平不足、农药残留问题等。为了帮助种植户更加清楚的了解草莓，解决生产中遇到的各种问题，精心编写了这本书，主要介绍了草莓的形态结构、生物学特性、优良品种、育苗技术、栽培技术、病虫草害防控技术等。另外，还介绍了草莓的果实采收、包装、贮藏、保鲜以及新技术在草莓生产中的应用等。本书各章节内容均配有相应的图片及说明，力求内容科学实用、通俗易懂，适于

广大果农及草莓科技工作者参考借鉴。

由于篇幅有限，本书还有许多未涉及之处；由于能力有限，错误与疏漏之处在所难免，恳请读者批评指正。

编　者

2019年10月

Contents 目 录

第一章 概述

草莓（*Fragaria × ananassa* Duch.）多年生草本植物，蔷薇科草莓属。亚洲、欧洲、美洲等地广泛栽培。其果实味道鲜美独特、外表红嫩、果肉多汁且富含营养，受到广大消费者的喜爱，被誉为“水果皇后”（图1-1）。

图1-1 草莓

草莓中含有丰富的花青素、维生素C等，不含胆固醇且脂肪含量低，能够预防坏血病、高血压、脑溢血等心脑血管疾病；还具有促进抗氧化、预防贫血、增强免疫力等重要的保健作用。我国鲜食草莓消费量占草莓总产量的95%左右（图1-2）。

图1-2 草莓产品

第一节 草莓形态结构

草莓是多年生草本植物，株高5 ~ 40cm，呈丛状生长。完整的草莓植株由根、茎、叶、花、果实和种子等器官组成（图1-3）。

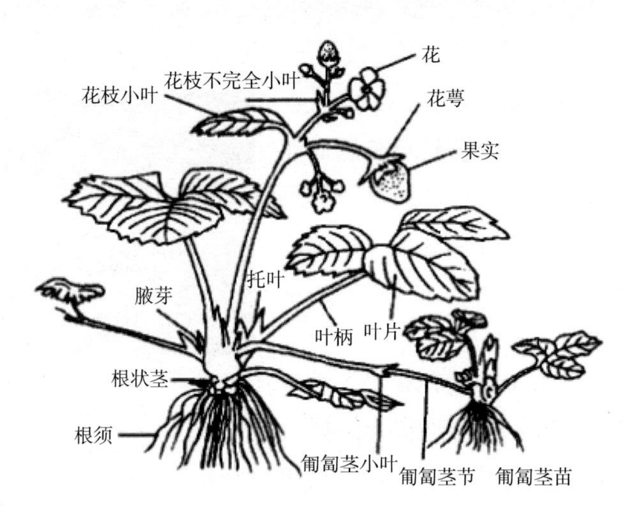

图1-3 草莓植株形态结构

草莓根状茎非常短，其上具有较长的叶柄，成簇。匍匐茎是草莓的繁殖器官，它从叶腋处抽生出来，节处可形成不定根并萌发出芽，随后长成新的植株。叶片多为羽状三出复叶，叶柄短或不存在，托叶膜质，与叶柄基部合生，鞘状。聚伞花序，草莓果实由花托膨大发育而来，园艺学上称为浆果，植物学上称为假果（图1-4）。

图1-4 草莓果实

一、根

草莓的根与土壤紧密接触，是草莓吸收养分和水分的主要器官。它由新茎和根状茎上发生的粗细相近的不定根组成，故为须根（图1-5）。草莓根加粗生长现象很少，它们的形成层不发达。

大部分草莓根分布在20～40cm的土层中，分布较浅（图1-6）。草莓根系的生长与分布受土壤的温度以及通气的影响，也与草莓品种和种植密度有关。草莓根系生长的最佳土壤环境是沙地，密集种植的根部较深，黏土较浅。土壤干旱和缺水直接影响根系的生长发育，冬季休眠期缺水会导致植株在冬季死亡。但是，如果土壤过于潮湿，会抑制根系呼吸，导致缺氧，从而使初生根逐渐木质化，提早衰老。

图1-5 草莓根系

图1-6 草莓根系长度

根最适合在20℃的地面温度生长，低于10℃并且低于1℃以下几乎不生长。因此，草莓根系的生长在一年中有两次高峰，根系生长达到第一次高峰时处于春天，土温上升约20℃时正值花序显露

期。夏季高温期间，根系生长发育减缓，并变褐逐渐死亡。在9月中下旬，土壤温度逐渐下降到适宜温度，根系生长逐渐达到第二个高峰。根据地上部的生长状态，可以判断根系的生长状态，地上部分生长发育良好，早晨叶缘有吐水现象，说明根系生长发育良好，在露地和保护地中都有这种现象；否则白根较少，叶片较小，早春萌发至开花期开展叶片数量较少。

二、茎

根据形态和功能，草莓的茎分为新茎、根状茎和匍匐茎3种。前两个是地下茎，匍匐茎是一种特殊的沿地面延伸的地上茎。

（一）新茎

顾名思义，即为草莓当年生和一年生的茎。新茎有一半是平卧的状态，弓背形状每年仅增长0.5～2cm（图1-7）。新茎具有密集轮生的叶子，其上附着腋芽。新茎的下部发出不定根，翌年新茎成为根状茎。新的茎芽可以在秋季分化成混合芽，形成第一个花序。当混合芽发芽3～4片叶子时，可以在下一片未展开叶片的托叶中看到花序。

新的茎芽早熟，有些可萌发成匍匐茎，有些是新的茎枝。草莓的新茎数量因品种而异，同一品种的新茎数随着苗龄增长而增加。

（二）根状茎

草莓的多年生缩短的茎叫根状茎，新茎上的叶子在第二年全部死亡后成为根状茎。因此，根状茎是具有节和年轮的地下茎，其是用于储藏营养的器官（图1-8）。在第三年，根状茎从下部开始逐渐向上衰亡，而内部老化过程从中央部分向外衰亡逐渐变成褐色，当变黑了，它上面的根就死了。因此，根状茎越老，地上部分的生长和结果能力越差。

图1-7 草莓新茎

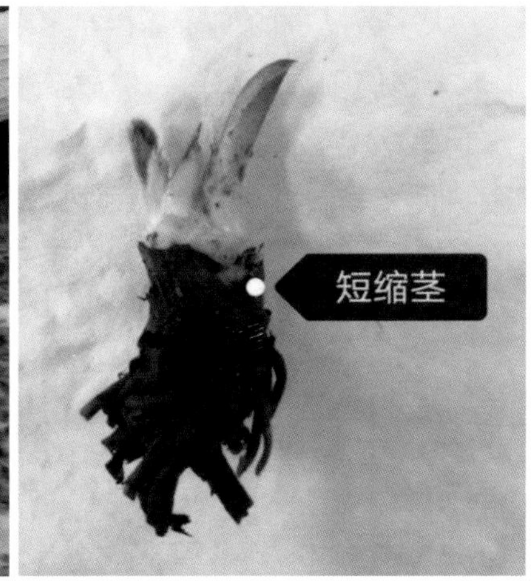

图1-8 草莓根状茎

（三）匍匐茎

匍匐茎是草莓的营养繁殖器官，是特殊的地上茎。草莓匍匐茎细，节间很长。在植物之间有足够光照的地方生长（图1-9）。

图1-9 草莓匍匐茎

大多数品种的匍匐茎，在第二节的部位长出小苗，扎根地下，形成完整的匍匐茎幼苗，然后在第四和第六偶数节处陆续形成匍匐茎幼苗。当年形成的健壮匍匐茎苗其新茎腋芽还能再次长出匍匐茎，即为二次匍匐茎，其上形成的健壮匍匐茎苗有的在同年还能抽生三次匍匐茎（图1-10）。在正常营养条件下，1个匍匐茎可形成3～5个匍匐茎幼苗（图1-11）。

图1-10　草莓匍匐茎发生示意图　　　　图1-11　营养繁殖苗

草莓中匍匐茎的数量主要与品种有关，在相同栽培条件下，Tudela和Vergia的匍匐茎数显著高于全明星品种；虽然红衣品种具有很强的抽生匍匐茎的能力，但形成的根系较弱。匍匐茎的数量也与母株质量密切相关。

三、叶

草莓叶子是三出复叶，叶柄细长，一般10～25cm，上面有许多茸毛。在基部有两个托叶，中下部有两个耳叶（图1-12）。顶端有3个叶片，两边对称。叶缘有锯齿，缺刻数为12～24个。

当春季温度达到5℃时，草莓植物开始发芽。随着温度的升高，新叶逐渐出现，越冬叶逐渐死亡。在20℃条件下，1片叶子可以在约8天内展开，1棵草莓一年可展叶20～30片。为提高草莓翌年的产量，保护绿叶越冬是重要措施之一（图1-13）。当然，温度过高也不利于草莓生长，新叶难以生长，老叶常有灼伤边缘，此时应注意浇水或遮阴。

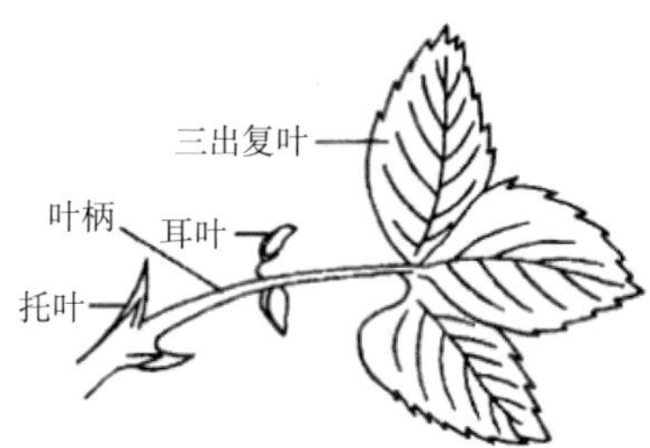

图1-12　草莓叶片形态特征

图1-13　覆膜后的草莓苗叶片

四、花

完整的草莓花由6个部分组成：花托、花柄、萼片、花瓣、雄蕊和雌蕊（图1-14）。草莓花序为聚伞状的，通常每株有1～4个花序，并且在1个花序中通常有10～20朵花。雄蕊通常20～40个，雌蕊长在花托上，数量为200～400个。为了增加商品的价值，促进早期果实的生长发育，应注意及时疏花疏果，这样也可以节约营养（图1-15）。

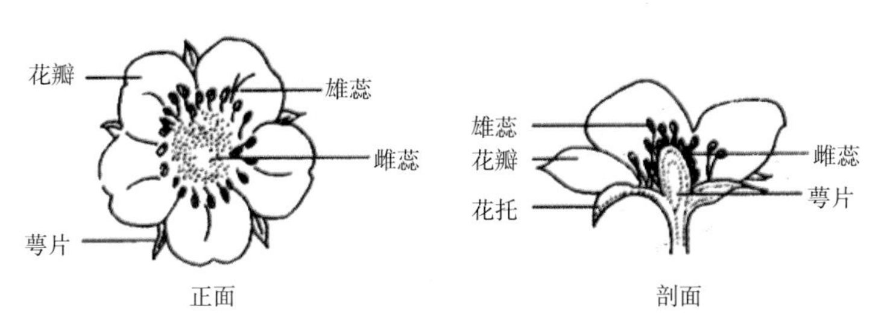

图1-14　草莓花的形态与构造

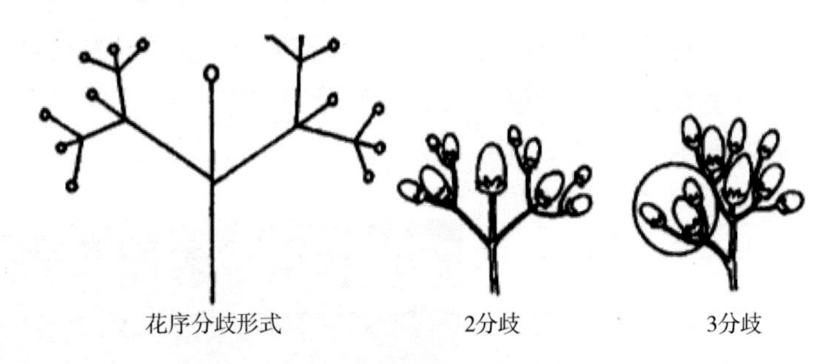

图1-15　草莓花序的形态

适宜的花粉受精温度为25～30℃，因此，在开花期温室内应注意温度控制，湿度控制应为50%～60%（不大于80%）。

虽然草莓可以自花结实，但异花授粉可以提高坐果率。考虑到一般品种可以自花授粉，种植多个品种可能导致不一致的物候期不利于管理，因此在生产上只种单一品种。通过在温室中放养蜜蜂来解决授粉与结实问题（图1-16）。

图1-16　草莓花序

五、果实与种子

草莓的果实柔软多汁，在园艺学中称为浆果，在植物学上称为假果（图1–17）。果实大小通常为3～60g。在草莓表面形成大量瘦果，瘦果嵌入浆果的表面，或凸出果面，或凹进去，这取决于品种。瘦果与果面相平的品种通常更耐储存和运输。

当果实成熟时，果实大部分是红色或深红色，果肉主要是红色、粉红色或白色。近年来市场上逐渐出现白草莓，果面白色或浅粉色，果肉为白色。如果没有充分授粉受精或种子分布不均匀，可能会出现畸形果（图1–18）。温度和湿度也会影响果实的发育。果实膨大期间水分不足也会导致果实变小。因此，草莓果实在膨大期应有充足的阳光，水分含量适宜。

图1–17　草莓果实及表面瘦果

图1–18　草莓畸形果

不同品种的草莓有不同的果实形状，有9种常见的果形，即扁圆形、圆球形、短圆锥形、圆锥形、长圆锥形、颈锥形、长楔形、短楔形（图1–19）。在果实成熟过程中，授粉后的果实逐渐从外部膨大，果肉开始由绿色变为白色，然后由白色变为红色，果实表面光亮。种子也从绿色变成黄色，成熟，最后是淡黄色或深棕色。果实内部化学成分在绿色和白色时没有花青素，一旦着色后花青素、含糖量和维生素含量逐渐增多，含酸量则是膨大前期少，中期多，成熟期减少（表1–1）。

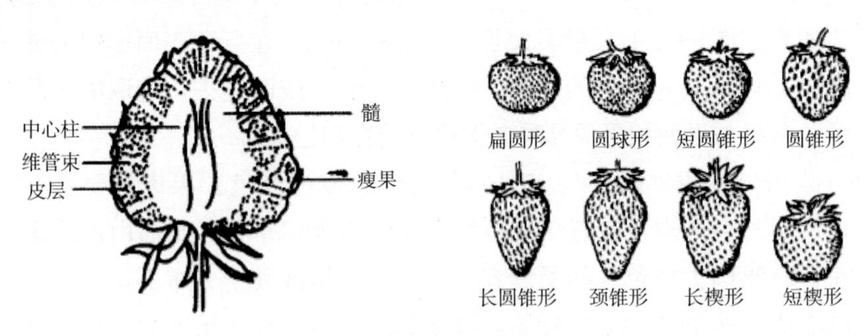

图1–19　草莓果实形状

表1–1　草莓着色程度与果实品质

品种	着色程度	1月10日				3月12日			
		糖度（%）	酸度（%）	糖酸比	硬度（kg/cm²）	糖度（%）	酸度（%）	糖酸比	硬度（kg/cm²）
章姬	3～4分着色	8.7	0.53	15.1	0.55	8.4	0.62	13.5	0.69
	6～7分着色	9.0	0.48	18.8	0.44	8.9	0.63	14.1	0.41
	9～10分着色	9.4	0.46	20.4	0.33	8.7	0.59	14.7	0.32
女峰	3～4分着色	8.9	0.75	11.9	0.65	7.3	0.81	9.0	0.71
	6～7分着色	9.6	0.71	12.1	0.58	7.9	0.80	9.9	0.43
	9～10分着色	9.1	0.69	13.2	0.42	8.3	0.73	11.4	0.35

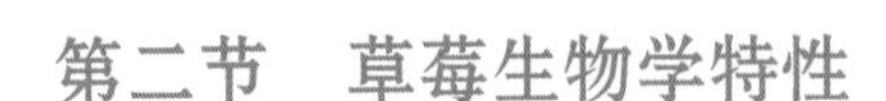

第二节　草莓生物学特性

一、芽与花芽分化

草莓的芽可分为顶芽和腋芽。夏季结果后，顶芽大力生长，秋季随温度下降，日照缩短，形成混合花芽，称为顶花芽。在第二年，混合花芽长出新茎，并且在新茎生长3～4片叶后，抽出花序。当腋芽出生在新的茎和叶中时，它们也被称为侧芽。

腋芽早熟，可在开花期萌发成新的茎枝，形成新的苗。新茎苗也叫子苗，子苗繁殖量大小与品种遗传特性有关，总的来说，四季性品种繁殖系数小，休眠深的品种繁殖系数大。夏季新茎上的腋芽萌发并长出匍匐茎。秋天，新茎上的腋芽不再萌发匍匐茎，有些可以形成侧生混合花芽，它被称为侧花芽，第二年长出花序，腋芽发芽，有的成为潜伏芽。

新的茎芽和腋芽都可以形成花芽。新茎分枝多，顶部花芽更容易分化。然而，除了品种外，花芽分化与栽培地域有关。北方地区低温来得早，分化时期短，大部分果实是从顶花芽分化而来。南方地区花芽分化时期较长，腋芽可以较多地分化为花芽（图1-20）。

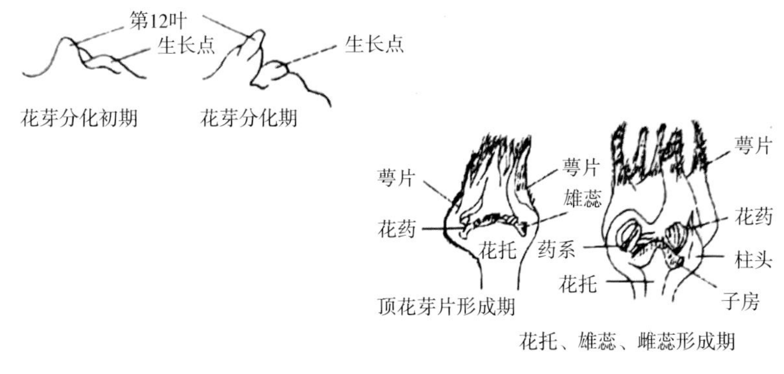

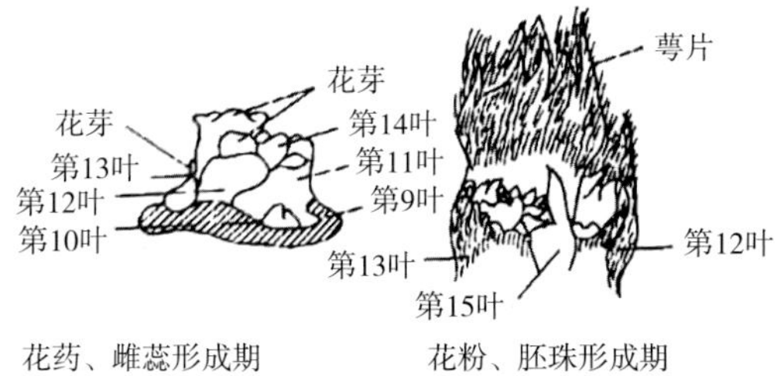

图1-20　草莓花芽分化

生长点明显膨大，肥大，呈半圆形，半圆形不均匀，表明草莓开始进入花芽分化期。在花序中，初级花序逐个区分萼片、花瓣、雄蕊和雌蕊。二级花序稍晚分化，然后分化成三级花。在大多数品种中，平均日温降至20℃以下，日照时间可少于12小时以诱导花芽分化。

二、休眠

草莓休眠是种自我保护，以避免冬天的寒冷，休眠有以下两种情况。

第一种是自然休眠，它只能在低温下经过一段时间的低温积累。如果草莓处于自然休眠状态，它对温度和光照等环境因素的变化相当敏感。在日光温室升温后，新叶子开始伸展并开花结果；然而如果没有解除自然休眠，草莓生长势会变弱，新茎干较短，叶片面较积小，叶片颜色变深，老叶片萎缩，植株矮化（图1-21）。当植物从自然休眠中解除时，新叶处于直立或倾斜状态，叶柄延长，叶片变大，营养生长旺盛，茎伸长。

第二种是被迫休眠，在自然休眠满足后，由于不适合的外部环境条件，植物仍然处于休眠状态，它称为被迫休眠，一旦条件合适，植物就会正常生长（图1-22）。不同品种之间的低温需求量存在差异，需求量少的品种适于促成栽培，而半促成栽培或露地栽培则适宜种植中间类型或低温需求量多的品种。植物含有较少的赤霉素，更多的脱落酸物质会导致休眠。

三、物候期

草莓的物候期分为生长期和休眠期。从秋季休眠开始到第二年萌发，外部形态没有明显变化，即休眠期。

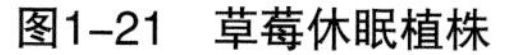
图1-21 草莓休眠植株

图1-22 草莓植株休眠示意图

（一）开始生长期

草莓的根系生长比芽的生长早7～10天。根的生长主要是基于前一年秋天生长的未老化根的延续生长，然后随土壤温度的升高出现新的根。草莓的光合作用始于地上部越冬的叶子（图1-23）。

图1-23 生长期的植株

（二）花芽分化期

影响草莓花芽分化的因素包括温度和光周期等环境因素，以及植物内部营养状况如C/N和激素水平。花芽分化具有较高的温度要求，高温延迟分化，低温促进分化，适宜温度为10～20℃，花芽分化在5℃以下停止，花芽分化在25℃以上被抑制。

草莓花芽和叶芽起源于同一分生组织，该过程可分为3个时期，即分化的初始阶段、花序分化的时期以及花器分化的时期。在初始分化之前，未分化生长点的叶原始体具有平坦的基部和锥形凸起的顶部。在花芽分化的早期阶段，生长点变为圆锥形，厚而膨胀

（图1-24）。在花序分化阶段，花序继续分化和发育，同时形成第二花序，需要11～12天（图1-25）。

图1-24　花序分化期　　图1-25　雌蕊、雄蕊分化期

草莓花的形成是向心式的（图1-26），从外面开始逐渐形成向内的花的各个部分。首先形成位于花的最外侧的萼片，然后形成花瓣。雄蕊分化于花瓣的内侧，花托边缘逐渐产生较多的小凸起，花柱是由这些小凸起发育而成的。

在花芽分化期间，草莓的腋芽停止长匍匐茎，其中大部分形成花芽，一小部分长出新茎枝。花芽可以通过新茎基部附近的腋芽形成。

草莓植株的碳氮比，影响花芽分化。它的叶子能够合成大量的碳水化合物，花芽分化所需的营养素也来源于此。如果氮含量过高，它会与碳水化合物形成氨基酸和蛋白质，碳与氮的比例会降低。通常，增加的氮含量将延迟草莓花芽分化。

赤霉素促进草莓的营养生长，植物生长延缓剂矮壮素、多效唑、烯效唑等激素与草莓花芽分化密切相关。

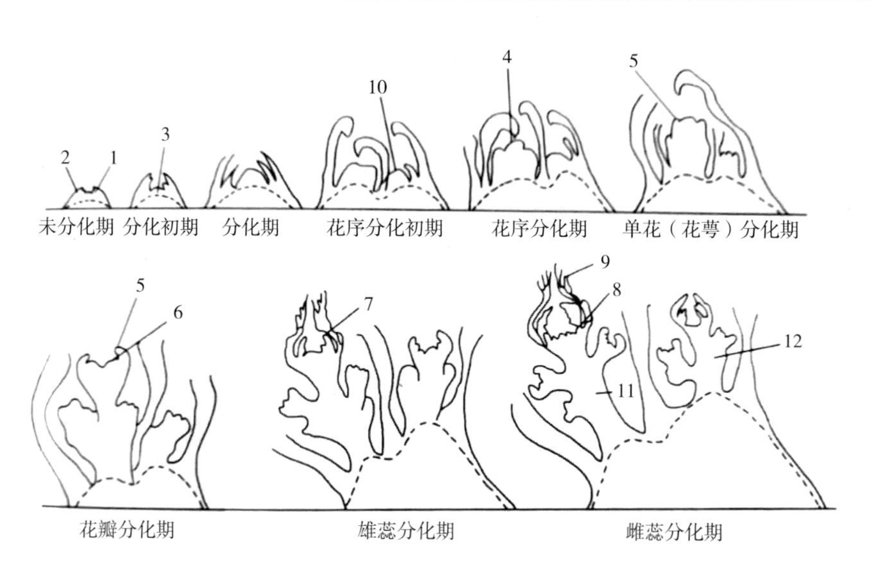

1-生长锥；2-叶原基；3-维管束；4-顶花原基；5-萼片原基；
6-花瓣原基；7-雄蕊原基；8-雌蕊原基；9-茸毛；
10-侧芽；11-第一花序；12-第二花序

图1-26 花芽分化的形态

（三）现蕾期

花蕾生长1个月后出现，花序出现在新茎的第四片叶的托叶中。随后逐渐伸长，直到整个花序延伸出来（图1-27）。此时，随着温度的升高和新叶片的相继出现，叶片的光合作用增强，根系生长达到第一个高峰。

图1-27 现蕾期

（四）开花结果期

图1-28　蜜蜂授粉

当平均温度达到10℃时，草莓会开花，但应注意避免高于35℃的高温。适宜的温度范围为25～30℃，温室应尽可能保持干燥，以提高花粉的发芽率。此外，还需要借助微风和蜜蜂作为媒介辅助授粉，提高坐果率（图1-28）。开花期喷药会产生畸形果，果实的商品性会受到严重影响，此时其生长特点是以生殖生长为中心。

（五）旺盛生长期

草莓进入旺盛生长期一般是从5月下旬到9月。这一时期的特点是以旺盛的营养生长为中心。在7—8月的高温期间，草莓生长放缓，甚至停止生长，并处于休眠状态。秋季温度下降后，又进入生长高峰期（图1-29）。

图1-29　旺盛生长期

（六）休眠期

草莓休眠是一种自我保护，以避免冬天的寒冷。这一时期从草莓停止生长开始一直到早春发芽。在露地栽培的自然条件下，秋末至初冬的日照时间变短，温度下降，日照变短，草莓的生长发育逐渐减弱。在这个阶段，叶柄变短，叶片少，叶面积小，植株生长从原来的直立和倾斜变为平行于地面。整株植物呈莲座状矮化，生长极慢（图1–30）。休眠时间为11月中旬至翌年2月下旬或3月上旬。

图1–30 全株矮化

日照长度和温度是影响草莓休眠的重要因素，通常长日照促进植株生长，短日照促进植株休眠。此外，光照强度也影响植株的休眠。在长日照条件下，如果光线太弱，会导致植物休眠。休眠时间小于200小时的品种为浅休眠品种，例如丰香、枥乙女；休眠时间超过1 000小时的品种被称为深度休眠品种，如北辉（表1–2）。在草莓栽培中，可根据休眠期的深浅采取不同的栽培方式，对于休眠浅的品种要进行促成栽培，而对于中等休眠的品种则进行半促成栽培。

表1–2 我国草莓主要品种的需冷量

休眠程度	品种	需冷量（小时）
浅	春香、秋香、石莓2号	84
	明宝、丰香	87
	丽红、静香	96

（续表）

休眠程度	品种	需冷量（小时）
中等	长虹2号	252
	明磊、丽宝	336
	明晶、新明星、戈雷拉	420
	石莓1号、红手套	504
	宝交早生	536
深	安特拉斯、科莱沃	588
	哈尼、全明星	640

四、草莓对环境条件的要求

（一）温度

春季气温达5℃时，植株开始萌芽生长，此时草莓抗寒能力较低，如遇-7℃低温植株将会发生冻害，-10℃低温植株将会死亡。一般来说，在早春，晚熟品种比早熟品种更耐寒，而在初冬，则相反。在高温季节可通过覆草、遮阴、适当灌溉等方式保护植株，确保安全越夏。当冬季土壤温度降至-8℃时，根系容易发生冻害，并在-12℃时冻死。不同生长阶段的最佳温度是不同的（表1-3）。当开花温度低于0℃或高于40℃时，授粉受精和种子形成受阻，导致果实畸形。

表1-3　草莓不同生长部位或发育时期的最适温度

生长部位或发育时期	地上部茎叶生长	花芽分化期	开花期	果实膨大期	
				前期	后期
最适温度	20~26℃	5~25℃	20~25℃	白天为25~28℃，夜间为8~10℃	白天为22~25℃，夜间为5~8℃

（二）光照

草莓光饱和点为（2～3）×10^4lx。果实发育期间的光补偿点为500～1 000lx（表1–4）。

表1–4　不同光照条件下草莓植株的表现

光照条件	充足时	中等时	不足时
植株表现	植株矮壮、果个小、颜色深、品质好	果个大、颜色淡、含糖量低、采收期较长	植株生长弱，花序梗与叶柄细弱，花芽分化不良，果个小、颜色浅、成熟慢且品质差

秋季光线不足会减少根茎中储存的营养成分，降低冬季抵御寒冷的能力，甚至导致冬季死亡。然而，如果光线太强，草莓根茎的生长将受到抑制。

不同生长发育阶段对光照条件也有不同的要求（表1–5）。当日照超过16小时时，草莓生长旺盛，不能形成花蕾甚至不能开花结果。为了促进花芽的发育和开花，有必要在花芽分化前进行短日照处理。茎的形成需要长时间的阳光照射和较高的温度条件，而新的茎形成需要在短日照条件下进行。不同遮光处理对草莓果实品质和产量会产生不同的影响（表1–6）。

表1–5　草莓不同生长发育时期对光照条件的要求

生长发育时期	开花结果期和旺盛生长期	花芽分化期
要求光照时长（小时）	12～15	10～12

表1–6　遮光处理对草莓品质和产量的影响

遮光程度	糖度（%）	产量（g）	果数（个）	平均果重（g）	烂果率（%）
CK	9.7	344.4	18.8	18.3	3.4
40%	9.5	222.7	10.7	20.9	21.3
65%	7.8	147.4	7.8	19.2	33.3

（三）水分

草莓的根系较浅，因此不耐干旱和水涝。草莓在整个生长过程中需要较高的水分，因为植物的总叶面积较大，蒸腾作用较强。此外，老叶子死亡，新叶子交替生长，并且长出了大量的匍匐茎和新茎。因此，草莓既要水分充足，又要通风良好。冬季草莓休眠时如田间缺水而土壤开裂，会拉断和风干草莓根系，造成“死苗断条”（图1-31）。

草莓受涝时，根系生长受抑制，根皮根毛发黑，易发生根腐病、根红中柱病，淹涝时茎叶打蔫，蛇眼、“V”形褐斑、轮斑、芽枯病和芽线虫病等病虫害都会因田间湿度过大而蔓延加重（图1-32）。如果田间湿度大并高温，草莓营养生长过旺叶片薄而色淡，枝梗细弱，花小果瘦，果实含糖量下降，硬度偏软、口味变劣成熟上市时间延迟。据调查，草莓采摘前一天大量灌水，虽然果实重量会增加5%～10%，但含糖量下降1%～2%，硬度减少0.05～0.1kg/cm^2。

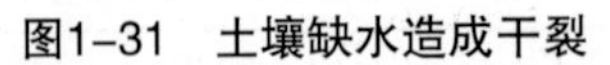

图1-31　土壤缺水造成干裂

图1-32　草莓红中柱根腐病

（四）土壤

草莓最适宜生长的土壤环境条件应该是肥沃疏松且透水透气性

良好（图1–33）。由于草莓是浅根植物，80%以上的根系集中在距离地表20cm的范围内，因此地下水位不应高于80～100cm。沙质土壤对水和肥料的保持能力差。黏壤土保留水分并保持肥力，但通风效果差。草莓适宜在土壤pH值5.5～6.5的中性或微酸性壤土中生长，当pH值高于8或低于4时，草莓会出现生长发育障碍。

图1–33 草莓适宜的土壤环境

（五）养分

草莓对氮、磷、钾的需求相对均衡，正常生长发育约为1∶1.2∶1的吸收总量。草莓生长的不同发育阶段需要不同的营养元素。氮素可以促进新的茎生长和叶柄增厚，增加叶绿素含量，提高光合效率；还可促进花芽分化，提高坐果率。过量施氮会导致植物徒长，营养生长与生殖生长失衡，花芽分化时间延迟，分化不足。当开花果期氮肥过高时，果实畸形、果实开裂、花萼翻卷率增加，果面果肉着色晚，糖含量降低，硬度变软，商品价值与保质期受到影响。

花芽分化期、开花坐果期增施磷、钾肥，能促进花芽分化，特别是春季增施磷、钾肥，可增大果个，增加果实香气和风味。当土壤缺磷时，成年草莓植株的幼龄叶片生长受阻，颜色呈淡绿色至黄色；成熟叶片呈锯齿状，颜色呈红色；老叶变黄，局部坏死发生。当土壤缺钾时，草莓叶中脉为蓝绿色，叶缘呈灼伤或坏死，叶柄坏死。

草莓对微量元素比较敏感，特别是当缺乏铁、镁、硼、锌、锰、铜等时。

第二章 草莓新优品种

草莓品种按休眠期的长短可分为浅休眠品种、深休眠品种及中间型。浅休眠品种主要用于保护地促成栽培，深休眠品种用于露地栽培，中间类型用于保护地半促成及露地栽培。

第一节　浅休眠品种

一、国内选育品种

（一）书香

北京市农林科学院林业果树研究所培育，亲本为女峰×达赛莱克。果实呈圆锥形或楔形，深红色，有光泽，光滑。一级和二级的平均单果重24.7g，最大果重为76g。种子为黄绿色和红色，均匀分布，中等密度，与果实表面相平。果肉红色，风味酸甜，有茉莉香味。每100g果肉含10.9%可溶性固形物、5.6%可溶性总糖、0.5%有机酸和49.2mg的维生素C。果实硬度较大，耐贮运。早熟品种，浅休眠，适宜保护地促成栽培。丰产性好，每亩（1亩≈667m^2，全书同）产量1 500kg以上。

（二）秀丽

沈阳农业大学选育，亲本为吐德拉×枥乙女。一级果实是圆

锥形或楔形，二级、三级是圆锥形或长圆锥形。果面红色，有光泽。种子为黄绿色，均匀分布，中等密度，平坦或略微凸起于果实表面。萼片单层，反卷。果肉红色，髓心白色，无空洞。果实汁液多，酸甜，有香味。每100g果肉含10%可溶性固形物、77%可溶性总糖、0.8%有机酸和64mg维生素C。早熟品种，浅休眠，适宜日光温室栽培。丰产性好，每亩产量2 000kg以上。

（三）红实美

果实近楔形或长圆锥形，果面红色，色泽鲜艳，果面平整，畸形果少，果个整齐度好。种子是黄色和红色，略微凹入果实表面。花萼1～2层，较大，翻卷或平贴果实。果肉呈浅红色，髓心大、粉红色和白色，没有空隙，肉质细腻，有许多纤维。有许多果汁，酸甜的味道，有香气，含可溶性固形物10.5%。坚硬，耐贮运。产量高，亩产量5 000kg以上。高抗白粉病和灰霉病。早熟品种，浅休眠，打破休眠需5℃以下低温100～150小时，适宜保护地促成栽培。

（四）宁玉

江苏省农业科学院园艺研究所于2005年进行了杂交育种。2010年，由江苏省农作物品种委员会鉴定并通过。果实呈圆锥形，果实均匀，红色，果实表面平整，光泽强烈。果实大，一、二级果的平均单果质量为24.5g，最大52.9g。果肉橙红，髓心橙色；甜，香浓，可溶性固形物10.7%，硬度1.63kg/cm^2。植物生长旺盛，半直立，叶呈绿色和椭圆形。匍匐茎抽生能力强。每花序10～14朵花。丰产性好，亩产量一般达2 212kg。耐热和耐寒，抗白粉病，更耐炭疽病，适宜保护地促成栽培。

（五）宁丰

江苏省农业科学院园艺研究所于2005年进行了杂交育种。2010

年，由江苏省农作物品种委员会鉴定并通过。果实呈圆锥形，果红色，光泽强烈，外观整洁美观，大小均匀。一、二级果实的平均果重为22.3g，最大单果重47.7g。果肉呈橙红色，味道甜而丰富，可溶性固形物9.2%。植株长势好，丰产性好。它具有很强的耐热性和耐寒性，耐炭疽病，更耐白粉病。该品种适应性强，可在中国北方地区和南方地区种植，适宜保护地促成栽培。

（六）燕香

北京市农林科学院林业果树研究所2001年杂交选育，2008年通过北京市林木品种审定委员会审定并命名。果实圆锥形或长圆锥形，橙红色，有光泽，果面平整，果个均匀整齐，外观评价上等。果实大，一、二级果实的平均单果重33.0g，最大单果重54.0g。种子黄色、绿色、红色兼有，平或凸果面。花萼有单层和双层，主贴副离。果肉呈橙红色，味道酸甜，香味浓郁，可溶性固形物含量8.7%。果实综合阻力0.510kg/cm^2，坚硬，耐贮运。产量高，对白粉病和灰霉病有很强的抵抗力。早熟品种，浅休眠，适宜保护地促成栽培。

（七）红袖添香

北京市农林科学院林业果树研究所杂交培育。果实大，一级果平均果重50.6g以上，最大单果重98g。果肉呈红色，中度酸甜，有香气，可溶性固形物的含量为10.5%。该植株生长势强，连续结果性能强，产量高，亩产量可达3 000kg。抗病性强。休眠浅，适合保护地促成栽培。

二、国外引进品种

（一）甜查理

美国品种，圆锥形或楔形。果实鲜红色，有光泽，肉质橙色，白色条纹，可溶性固形物含量7.0%，香气浓郁，口感甜美，品质优良。果实硬度中等，较耐储运。一级果实的平均单果重41.0g，最大为105.0g，所有级次果实的平均单果重17.0g（图2-1）。产量高，单株平均产量超过500g，亩产量可达3 000多千克（图2-2）。抗灰霉病、白粉病和炭疽病，但对根腐病比较敏感。休眠期短，早熟品种适合中国南北方地区各种栽培形式的栽培（图2-3）。

图2-1　甜查理果实

图2-2　甜查理温室种植

图2-3　甜查理温室采摘

（二）红颜

日本品种，章姬与幸香杂交育成。植株生长旺盛、植株直立，株高28.7cm，叶片大而深绿色。果实大，平均单果重约15g，最大单果重58g。果实呈长圆锥形，果实表面和内部颜色鲜红，着色均匀，外形美观，畸形果较少；酸甜适宜，平均可溶性固形物含量为11.8%，早期和中后期果实可溶性固形物含量相对较小；草莓果实硬度适中，比章姬、丰香更能抵抗贮藏和运输；香味浓，口感好，品质极佳。休眠程度浅，花芽分化特征与丰香相似；花穗大，花轴长而粗壮；相对于章姬果实柔软，并且易受炭疽病影响的弱点，它具有生长旺盛、产量高、口感好、商品性好的优点（图2-4）。

图2-4　红颜果实

（三）章姬

日本品种，1985年种植，1990年注册，1992年通过日本官方批准。果实长圆锥形，鲜红色，有光泽，果实表面光滑，无脊，畸形果少。果实大，一级果实的平均单果重35.0g。种子黄绿色和红色，并且凹入果实中。萼片中等大小，双层，与果面相平，易于去除。果肉呈红色，髓中心为白色至橙红色，略带空心，果肉细，果汁较多，甜度适中，可溶性固形物含量为10.2%。果实综合抗性为0.377kg/cm^2，贮藏和运输效果差，为鲜食加工兼用品种（图2-5）。

图2-5　章姬果实

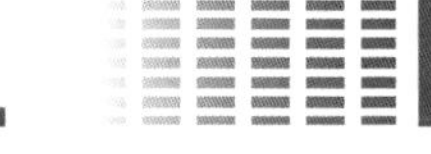

（四）丰香

日本品种，于1973年杂交，于1983年注册，1985年从日本引入。果实呈圆锥形，鲜红色，果实大。一级果实最大果重57.0g，有光泽，且外观好，果肉白色，肉质柔软致密。风味酸甜，风味浓郁，质地柔软，储存和运输一般。该植物生长势强，植株形状相对开展。早熟品种，浅休眠，打破休眠需要在5℃下处理50～70小时。该品种的早花易受低温损害，而花粉稔性差，易产生畸形果。它对白粉病的抵抗力弱，贮藏和运输不良，产量高，抗病性较差，但由于其早熟，风味好，香味浓郁，品质优良，深受人们的喜爱。过去，它在中国北方地区和南方地区大面积种植，可以与其他品种互补发展。

（五）幸香

1996年繁殖的日本品种于1997年引入我国。果实呈圆锥形，果实形状整齐，果实表面呈深红色，有光泽。一级果的平均单果重20.0g，最大单果重30.0g。果肉呈淡红色，肉质细腻，香气浓郁，甜美可口，多汁，可溶性固形物含量10.0%。果实硬度高于丰香，在抗运输、含糖量、肉质、风味和抗白粉病方面优于丰香。植株长势中等，较直立。叶片小，新茎多分枝，单株花序数多，浅休眠，适合中国南北种植。

（六）佐贺清香

日本品种，1991年育成，1998年命名。2000年由辽宁省东港市果树技术推广站引入中国。果实呈圆锥形，鲜红色，光泽强烈，外观漂亮。果实中等，一级果实平均单果重25.4g，二级果实平均单果重12.9g，单果重最大52.5g。种子红色、黄色和绿色，并嵌入果面。萼片是单层的，较大，平贴果面，其更容易去除。果肉白色，髓心小、白色，无空心肉，纤维多，果汁多，香气浓郁，酸甜可口，可溶性固形物含量10.2%，品质优良。

（七）鬼怒甘

日本品种，于1987年选定，1992年注册，1995年从日本引进。果实较大，一级果实的平均单果重为25.0g，最大果重为60.0g。种子呈黄绿色，凹入果实表面。花萼翻卷。果肉鲜红色，髓心淡红色，略带空心，肉质细腻，果汁多，有香气，可溶性固形物含量为9.7%。

（八）枥乙女

日本品种，于1996年注册。1999年，由沈阳农业大学园艺系从日本引进。该品种抗旱、耐高温，匍匐茎生长快、幼苗繁育能力强，花芽分化早，植株健壮，抗逆性强，病害轻。果实为长圆锥形，呈鲜红色。一级平均单果重量超过32g，最大单果重85g以上，硬度大，耐运输。肉质细腻，口感甜美，品质极佳。每亩平均可达3 000kg以上。它是一种高品质、高产量的产品，具有良好的市场前景。该品种适宜促成、半促成栽培。合理密度为8 000～10 000株/亩。

（九）图得拉

西班牙品种，父本、母本分别为派克和长乐。大果率高，第一级果实平均果重30g，最大果重为100g。果实长圆锥形，大小均匀。果实深红色，有光泽，种子陷于果实表面。果肉质地细腻，酸甜可口，可溶性固形物含量7%～9%。该果实硬度高，耐压性强，耐贮运。早熟品种，适宜北方促成、半促成栽培，南北露地栽培每亩种植9 000～11 000株，产量2 000多千克。

（十）卡姆罗莎

又名“童子一号”，美国品种，20世纪90年代中期引入我国，是一个优良的高硬度、浅休眠种质。果实长圆锥形或楔形，果实表面深红色，具有明显的蜡质光泽，果实大小均匀整齐。果实大，一级果平均果重30.6g，二级序果平均果重21.2g，最大98.5g。种子红色、黄色和绿色，陷入果实表面。萼片很大，1～2层，很容易翻卷，也易去除。果肉红色，髓心小、红色，肉质细腻坚实，纤维多，果汁多。香气浓郁，酸甜适口，口感清淡，可溶性固形物含量8.9%，品质优良，果实适宜鲜食或加工。

（十一）女峰

日本品种。果实圆锥形，整齐，平均单果重12～13g。果肉呈浅红色，细密，带有酸甜味道，香气浓郁。含可溶性固形物9.8%，每百克维生素C含量为49.8mg。果实耐贮性较好。露地栽培生长茂盛，结果不良。在植物种植中，花芽分化早，开花早，早期产量高。在高温期间易受轮斑病的影响。为早熟、优质的设施促成栽培品种。

第二节　中长休眠品种

一、国内选育品种

（一）石莓6号

河北省农林科学院石家庄果树研究所于2001年杂交育种，2008年经河北省林木品种审定委员会批准。果实短圆锥形，鲜红色至深红色，有光泽，无畸形果，没有开裂的果实。果实大，一级果实平均单果重36.6g，二级果平均单果重22.6g，最大单果重51.2g。种子红色、黄色和绿色，并陷入果实表面。花萼是单层，萼片大，扁平易去除。果肉呈红色，髓心小，无空隙，质地致密，肉质细腻，纤维少，果汁多，酸甜适口，香气浓郁，可溶性固形物含量9.1%。果实综合阻力0.512kg/cm^2，硬度高，贮存和运输良好，果实适宜鲜食及加工。

产量高且稳定，露地亩产量3 000kg，保护地栽培亩产量3 500kg。抗白粉病、灰霉病和叶斑病。中熟品种，适合露地和保护地半促成栽培。

（二）石莓7号

河北省农林科学院石家庄果树研究所于2002年入选，并于2012年经河北省林木品种审定委员会批准。果实短圆锥形，鲜红色，有明显的蜡质层，光泽强烈，着色均匀，果面光滑，果实无开裂，同级果大小均匀整齐。果实大，一级果实平均单果重33.6g，二级果实平均单果重21.5g，最大单果重57.0g。种子红色、黄色和绿色，并且略微凹入果实表面。萼片是单层，中等，平坦或略微离果实表面。肉色为橘红色，髓心中大，质地致密，肉质细腻，纤维少，汁多，风味酸甜。可溶性固形物含量10.5%。果实综合阻力0.447kg/cm^2，更坚硬，更耐储运。果实适宜鲜食或加工果汁、果酱。

丰产，亩产量3 000kg以上。耐低温，耐高温，抗炭疽、白粉病、灰霉病和叶斑病。中熟和早熟品种，中度和浅休眠，打破休眠需要5℃或更低的低温约30小时，适合露地和保护地半促成栽培。

（三）明磊

沈阳农业大学园艺系从美国品种的幼苗中选育的早熟品种。该植物具有强大的生长势，叶子呈椭圆形，黄绿色，很薄。果实呈圆锥形或楔形，鲜红色，橘红色果肉，肉质细，味甜，种子黄绿色，陷入果实表面，有香味，果汁量中等，可溶性固形物12%，果实硬度较大。最大果重35g，平均果重14g。该品种具有强大的越冬能力，耐寒抗旱。果实在成熟时集中收获并保存，更耐储存和运输。适于露地和保护地栽培，亩定植10 000 ~ 12 000株。

（四）星都1号

由北京市农林科学院林业果树研究所培育。该植物具有强大的生长势，相对直立。叶子椭圆形，绿色，叶子厚，叶尖向下，锯齿厚。两性花有6 ~ 8个花序，花的总数是30 ~ 58个。果实圆锥形，红色偏深有光泽，种子黄色、绿色和红色，分布均匀。一级果实的平均单果重25g，最大单果重42g，果实外观优良，风味酸甜，香味浓郁。平均亩产1 500 ~ 1 750kg。

（五）星都2号

北京市农林科学院林业果树研究所培育，父本母本分别为全明星和丰香。一级和二级果实的平均单果重27g，最大果重为59g，呈圆锥形。果面红色有光泽，外观较好。种子在果实表面密集分布，平坦或略微凸起。果肉呈红色，味道甜酸，香气浓郁。果实硬度大，耐贮运。该植物具有强大的生长势，相对直立。抗病能力强，对病虫害无特殊敏感性。适于露地栽培和保护地栽培。

二、国外引进品种

（一）全明星

由美国农业部马里兰州农业试验站培育的品种。生长势很强，叶子呈椭圆形，厚实，深绿色。果实呈圆锥形，鲜红色，平均单果重21.3g，最大果重32g。果实硬度高，果肉呈橘黄色或淡红色，髓心空，味道酸甜，香气浓郁，果汁更多。种子为黄色，向阳面为红色，陷入果实表面较浅。该品种耐高温高湿，对枯萎病、白粉病具有较强的抗性，对黄萎病具有一定的抗性。丰产性好，亩产2t以上。果实耐贮运，适宜鲜食或加工。适宜露地和保护地栽培，亩栽植9 000株。

（二）达赛莱克特

1995年由法国培育的新品种，父本和母本分别是美国的派克与荷兰的爱尔桑塔。植物生长旺盛，植株更直立，叶片多更厚，颜色更深，与其他病虫害相比较，对红蜘蛛的抗性更差。果实长圆锥形，果型整齐，大而均匀，一级果实的平均单果重25～35g，最大果重90g。果实呈深红色，有光泽，果肉饱满，质地坚硬，耐长途运输。果实味道浓郁，酸甜适口，可溶性固形物含量9%～12%。丰产性好，一般株产300g左右。保护栽培每亩产3.5t，露地栽培每亩产2.5t。浅休眠，适合露地栽培和温室、拱棚促成、半促成栽培。每亩种植1万～1.1万株，应注重预防和控制螨虫。

（三）哈尼

美国育成，1983年由沈阳农业大学园艺系引入中国。果实呈圆锥形、楔形，果实表面呈红色至深红色，光泽强烈，果面平整，果尖部位不易着色，往往是黄绿色，果实没有颈部或略带果颈。果实较大，一级果实的平均单果重14.7g，二级果实的平均单果重13.2g，最大单果重45.0g。种子红色、黄色和绿色，凸出果实表面。萼片小而扁平或翻卷，难以去除。果肉淡红色，髓心中大，肉质细腻，汁液呈红色。味道酸，有香气，质量中等，可溶性固形物含量8.4%。果实综合阻力0.387kg/cm^2，果皮较厚，质地韧。鲜食加工兼用品种。

（四）宝交早生

日本品种。果实中等大小。果实呈圆锥形，果实表面鲜红色，有

光泽，有少量浅棱沟，果尖颜色浅，常呈黄绿色。种子均匀分布，中等密度，并在果实表面凹陷。萼片中等，单层，平展，难以去除。果肉白色，质地细腻，髓心中等大，风味甜酸，汁液多，硬度差，不耐贮运，露地草莓采收季节在常温下放置1天即变色、变质。

该植物品种不耐热，不抗白粉病和轮斑病，对炭疽病和灰霉病的抵抗能力差。休眠中等深，低温需冷量750～1 200小时，适合多种栽培形式，丰产性能好，每亩定植8 000～9 000株。

（五）童子1号

美国品种。果实长圆锥形，果面光滑平整，鲜红色，蜡质光泽，果肉红色，酸甜适口，质地细腻。果实硬度大，耐贮运。植株生长旺盛，植株半开张，匍匐茎具有很强的抽生能力。抗白粉病和灰霉病。适合露地和温室栽培，每亩种植1万～1.1万株。

（六）草莓王子

荷兰品种，是欧洲主要的鲜食种类。果实较大，一级果实的平均单果重42g，果实最大重量107g，果实圆锥形。果面红色，有光泽。果肉香甜，口感好。果实硬度大，耐贮运。中熟品种，适合我国北方保护地和露地栽培，产量高，每亩约3 500kg。

第三节　日中立品种

一、国内选育品种

三公主

吉林省农业科学院果树研究所选育。一级果实形状为楔形，果实表面有凹槽，平均单果重23.3g；二级果实具有圆锥形状，具有光滑的果实表面，平均单果重15.1g。果面红色，有光泽。种子平于或微凸于果面。萼片中等大小，翻卷，去萼较难。果肉略有空隙。但酸甜可口，香气浓郁，可溶性固形物含量7%。具有抗白粉病和抗寒性，但在高温高湿条件下易受叶斑病的影响。四季结果，可以在适宜的温度条件下全年开花。产量高，露地栽培每亩产量约2 237kg。春季和秋季产量差异不明显。

二、国外引进品种

（一）赛娃

美国品种。果实形状为圆锥形，果实大。果面鲜红色，光滑而有光泽，有少量的凹槽，果实整齐度较差，没有果颈。种子呈黄绿色，小且均匀分布，并略微凹入果实表面。萼片较小，单层，翻卷，去萼容易。果肉呈橙红色，髓心中等大，坚实，肉质细，柔软，纤维少，果汁多，甜酸可口，香气浓郁，可溶性固形物含量9.5%。果实硬度较大，耐贮运，适于鲜食和加工。没有明显的休眠期，条件适宜即可开花，产量高，每亩产量超过7 000kg。

（二）阿尔比

美国品种。果实为长圆锥形，大小均匀一致，一级果实的平均单果重是33g。果面鲜红色，平整有光泽。种子是红色、黄色和绿色，分布不均匀并凹入果实表面。萼片较小，翻卷，去萼容易。肉红色，髓心小，红色，肉质细，纤维少，果汁多，味道甜，香气浓郁。可溶性固形物含量10.8%。该果实硬度高，剥离韧性好，耐贮存和运输，保质期长，适宜鲜食和加工。早熟特性明显，可周年结果。丰产性好，每亩产量5 000kg以上。

（三）圣安德瑞斯

美国品种。果实呈圆锥形，果实表面鲜红色，有光泽，畸形果的发生极少。果实个大，平均单果重35g，最大可达110g。种子颜色从黄色到深红色，但通常是红色的，种子平于果实表面或凹陷在果实表面上。果实酸甜可口，可溶性固形物10%～13%。硬度高，耐储存和运输，保质期长。

植株生长势强，较直立。花序分枝低。花芽分化能力强，结果可在结果期内持续进行，产量高，亩产量为7 000kg以上。对叶斑病、炭疽病、疫霉果腐病和黄萎病具有很强的抵抗力。该品种管理简单，节省人工，可周年结果。

（四）蒙特瑞

美国加利福尼亚大学2008年育成。果实圆锥形，鲜红色。果实大，平均单果重33g，最大单果重60g。该品种果实品质优良，风味甜，可溶性固形物含量10%以上。果实硬度稍小于阿尔比。连续结果能力强，产量高，亩产6 000kg。抗性强，耐白粉病和灰霉病。日中性品种，可周年结果，适合促成栽培及夏春栽培。

第三章 草莓繁殖方式及育苗技术

选育健壮的草莓幼苗是获得高产草莓的基础。草莓育苗有4种方式：匍匐茎繁殖、脱毒技术繁殖、分株繁殖和种子繁殖。国内生产上主要通过匍匐茎繁殖法来繁殖苗木，并且越来越多地与组织培养相结合，使用组织培养原种苗作为母株，然后利用田间匍匐茎繁殖，可以脱毒复壮，生产优质幼苗，增加繁殖系数。新茎分株这种繁殖方式基本不用于生产，种子播种繁殖方式主要用于新品种选育等科学研究活动。

第一节　草莓繁殖方式

一、匍匐茎繁殖

匍匐茎繁殖属于无性繁殖，方法简单，可以保持母株的遗传特性，这是草莓生产中最常用的方法。由匍匐茎繁殖的幼苗根系发达，生长迅速，当年秋季定植后冬季或翌年就可以开花结果（图3-1）。

选择健壮的母株是生产优质苗木的基础。为了获得优质的匍匐茎苗，最好使用组织培养的脱毒苗作为母株。它可以保留原品种的特性，生长势强，匍匐茎繁多而强壮。如果没有脱毒苗，可以选用品种纯正、新茎的粗度超过1cm，并且根系发达、有4～5片正常叶片的无病虫害的健壮植株作为母株（图3-2）。

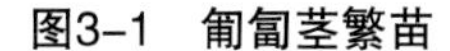

图3-1　匍匐茎繁苗

图3-2　健壮母株繁育一级苗

匍匐茎繁殖方法主要是利用专用的繁殖圃进行繁殖，母株一般在3月中下旬至4月上旬移栽，移栽的时期要以当地气温为准，当地土壤化冻之后、草莓萌芽之前的温度最好，此时的存活率和繁苗系数较高，并且此时草莓苗的生理活动尚未达到旺盛活动期，正从休眠期转变为萌动期。如果采用组培穴盘苗为母株的话，则应稍微延迟定植时间，因为此时天气温度和地温较高，有利于刚从温室等较高温度条件下取出的穴盘苗的生长发育。不要利用温室或大棚结过果实的苗当作母苗繁殖。

根据品种匍匐茎分生能力的不同，通常栽植株行距为（0.5～1.0）m×（1.0～1.2）m，应保证每株原种苗的繁殖面积大概在0.8～1.0m^2。栽植深度原则为“深不埋心，浅不露根”，不要将幼苗苗心深埋，以免幼苗腐烂；也不要种植得太浅，如果新茎露在外面，很容易导致幼苗干枯（图3-3）。

图3-3　草莓苗栽植深度

定植后，要注意去除母株的所有花序，减少养分消耗，促进植株营养生长，尽快及早抽生大量匍匐茎。匍匐茎抽生后，将幼苗的茎浅压埋于土中以促进节上幼苗生根。为了确保匍匐茎幼苗健壮生长，母株通常可以繁殖30～50株健壮的苗木，所以应该及时摘除过量的匍匐茎。

二、脱毒苗繁殖

由于草莓植株本身对病毒没有免疫能力，然而我国草莓栽培中大部分采用无性繁殖的种苗，导致草莓种苗携带病毒和严重退化，这个问题已成为限制草莓生产发展的重要因素。因此，构建规模化、成熟高效的草莓脱毒技术和无病毒种苗离体快速繁殖技术体系，不仅可以保持品种的遗传特性和优良的农艺性状，还可以在短时间内加速优良品种的繁殖，并将其应用于生产。目前草莓脱病毒的主要方法有以下几种。

（一）热处理法

该方法具有良好的脱毒效果，采用恒温或变温的热空气来处理带毒母株。最早应用于培育各种营养繁殖无病毒母株。热处理能够脱除病毒的原因在于病毒被特定的高温钝化，传播速度大大降低甚至不能传播。这样一来，在高温条件下长出的新植株或新叶可能不会携带病毒。

方法是：在37～38℃恒温或35～38℃变温下处理，相对湿度要保持在70%～80%，光照4 000～6 000lx，处理16小时。其中，变温处理可有效减少热处理中植株的死亡率。热处理后，取其匍匐茎繁殖。

据报道，草莓斑驳病毒在38℃下处理12～15天则可被脱除，因为该病毒耐热性较差。而镶脉病毒、皱缩病毒等耐热性较强，38℃恒温条件下须处理50天以上才能够被脱除。

（二）茎尖组织培养

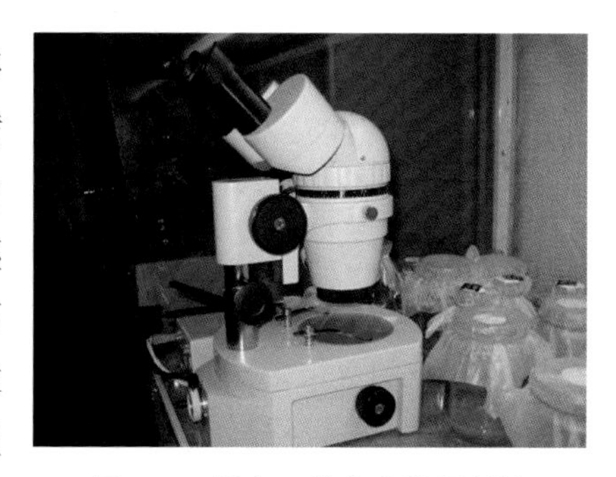
图3-4　超净工作台中的解剖镜

茎尖培养是目前应用最多的草莓脱毒方法，它能够脱除病毒的原因是病毒在侵入植株体内后分布并不均匀，病毒在植株茎尖、根尖及幼嫩叶片等一般分布较少甚至没有（图3-4）。研究发现，植株茎尖生长点及其周围组织无病毒分布的区域通常很小。草莓接种横径0.5mm左右的茎尖脱病毒率可以达到70.5%～77.3%；然而接种横径小于0.2mm的茎尖脱病毒率达到85.2%～100%（图3-5）。

具体的方法是：外植体取样的最佳时间是在6—8月晴天的中午，选择没有病虫害，并且品种纯正的健壮草莓植株，切取带生长点的匍匐茎段2～3cm，并用流动水冲洗干净。将表面清洗好的外植体置于超净工作台上，然后用70%乙醇消毒1分钟，倒掉乙醇，加入0.1%升汞和1滴吐温-20（Tween-20）消毒8～10分钟，并不断的摇动，然后用无菌水冲洗5～8次，用无菌滤纸将水分吸干。再置于解剖镜下，用解剖刀挑取0.2～0.3mm的茎尖并接种于茎尖诱导培养基中。当诱导培养至不定芽长到1.5～2.0cm时进行分株，接种于增殖培养基中。将检测合格的试管苗于增殖培养基上增殖，每20～30天即可继代一次（总继代的次数不得超过8代），挑选2～3cm的小苗将其转入生根培养基进行生根培养（图3-6）。

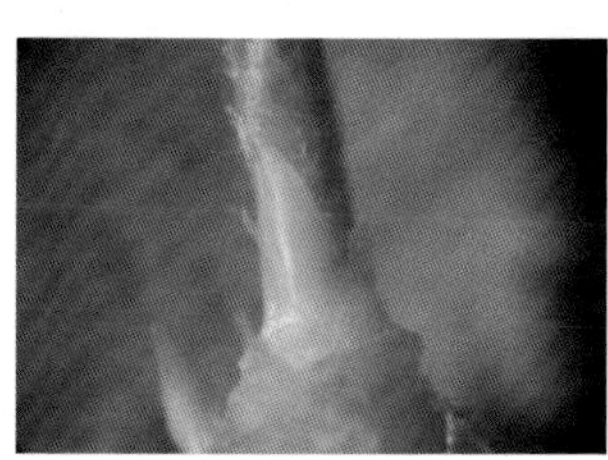
图3-5　含生长点的外植体

图3-6　生根培养的脱毒草莓苗

（三）花药组织培养

具体的方法是：摘取花萼未张开的花蕾在4℃冰箱中保存1～2天进行预处理，注意花粉母细胞必须处于单核期。在超净工作台上，将已经预处理过的花蕾，浸入70%～75%乙醇中约1分钟，然后用0.1%升汞消毒5～10分钟，这期间要不断地摇动，用无菌水冲洗5～10次，去除花萼、花托等，用无菌镊子夹取黄色花药接种到愈伤组织诱导培养基中。诱导培养直至愈伤组织的直径为0.2cm左右，此时就可以转入分化培养基中以诱导芽分化，分化成苗后，进行病毒检测，合格的试管苗方可进行增殖，每20～30天即可继代一次（继代的总次数不得超过8代），选2～3cm的小苗进行生根培养。

三、分株繁殖

分株繁殖又称根茎繁殖或分墩繁殖，即将需要更新换土的草莓园中的植株全部挖出来，分株后栽植（图3-7）。

图3-7　分株后的草莓苗

（一）分株繁殖的特点

可以节省劳动力，降低育苗的成本，而且无需摘除多余的匍匐茎和无需对匍匐茎节压土等工作。但是，与匍匐茎苗繁殖相比，分株繁殖系数较低，苗木的质量不如匍匐茎苗。此外，分株苗不可避免会带有分离伤口，比较容易感染土传病菌，目前除非急需用苗，否则生产上一般不采用这种方法繁殖苗木。

（二）分株繁殖的方法

1. 根状茎分株

当有新叶从母株的地上部抽生时，将其挖出来，剪掉衰老的不定根和根茎，将新的根状茎逐个分离，这些根状茎上具有5～8片健壮叶片，并且带有超过3条的不定根。已分离出的根状茎可以直接定植到园中，定植后需要及时浇水并加强管理，翌年即可正常结果。

2. 新茎分株

草莓植株收获第一年的果实后，带土坨挖出并重新种植在畦内。畦宽70cm，可以种植2行，行距30cm，行内每隔50cm挖一穴。30天后，当母株生长出2～3个匍匐茎时，茎尖被去除，新茎增粗。重复此过程，可以将种植2年的草莓苗分成每穴至少4～6个新茎苗。花序总数包括新茎上的和匍匐茎上的，比单纯栽匍匐茎的花序多1/3。产量显著增加，而且还节省了栽植草莓苗的用地面积和劳动力。

四、种子繁殖

种子繁殖是有性繁殖，但是这样的实生苗会发生较大变异，这种繁殖方法主要在科研中用来选育新品种，在生产上很少采用这种方法。但荷兰育种者利用多代自交系培育出的四季草莓品种“Elan”可以种子繁殖，是用种子繁殖的品种，一年内任意时间都可播种，可以用于生产，播种后5～8个月即可采收，繁殖出的草莓苗根系发达且生长旺盛。

采集草莓种子时，选择成熟的果实，将带种子的果面削下，阴干后搓下种子装入纸袋，写上取种日期和品种名称，并将其保存在阴凉干燥的地方。草莓种子的发芽力在室温下保持长达3年，没有明显的休眠期，因此可以随时播种。播种前，种子应进行层积处理1个月，以便提高发芽率和发芽整齐度。因为草莓种子小，播种后只需要覆浅层土即可，以看不见草莓种子为标准。

第二节　草莓育苗技术

一、露地育苗

露地繁育良种苗的生产要求主要是防病毒感染、有效防治病虫害、增加繁殖系数。与原种苗不同，在当年的夏季和秋季可根据生产栽培时间的需要分别出圃（图3-8）。

图3-8　露地繁育的草莓种苗

只有采用科学的栽培管理技术，才能生产出质量良好的种苗。

（一）地块选择及整地

苗圃应该选择肥沃的沙壤土，土面平整、土质疏松、有机质丰富、灌溉排水方便、光照良好。为了防止病毒传播，切忌选用前茬作物是茄子、马铃薯、辣椒的地块，最好是选择没有种植过草莓的土地育苗，如果是重茬地，要在育苗前对土壤进行消毒（图3-9）。

图3-9　整地

选择苗圃后，应去除地表的残枝并完全深翻。定植前应施5 000kg农家肥、30kg过磷酸钙或25kg磷酸二铵。耕作深度为30cm，耕匀并平整。育苗圃可以采用平畦和高畦栽培（图3-10）。前者一般宽120～150cm，长度为20～30cm，高度为10～15cm。对于夏季降雨较多的地区，高畦有利于去除积水，但难以浇水，最好安装滴灌或喷灌设施。

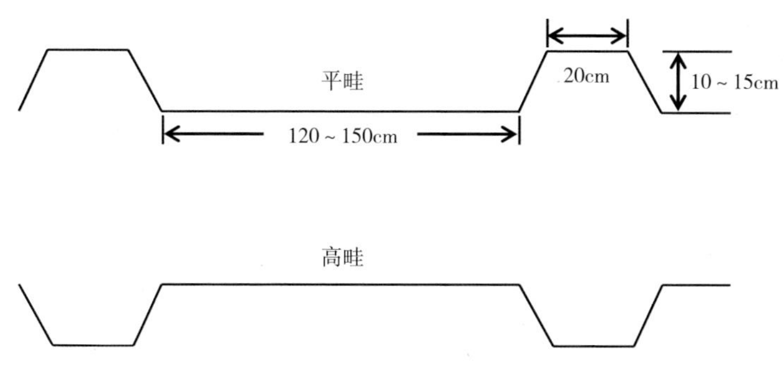

图3-10　平畦与高畦示意图

（二）母株的选择与定植

选择优质、无病虫害的优质原种苗作为母本，这样不仅有利于幼苗的成活和生长，而且对育苗数量起着重要作用。草莓母株一般在3月中旬至4月上旬定植，因为此时母株的生理活动尚未进入旺盛活动期，移栽易成活。种苗可栽植在垄面中间，也可栽植在垄面的一侧，栽植的株行距由垄面宽度而定（图3-11）。1m宽的垄面，株距为50cm；1.5m宽的垄面，株距30 ~ 40cm，每亩种植700 ~ 1 500株草莓（每亩种植的数量因品种而异，繁殖系数高的品种母株栽少点，繁殖系数低的品种栽多点，地力好的地块栽少点，地力差的地块栽多点）。

种植深度和缓苗期水的管理是培育草莓苗的关键步骤，如果种植太浅，则新茎外露，这可能导致幼苗干枯，不易成活；种植太深，埋住苗心，不易发芽，易引起腐烂；理想的种植深度应使幼苗心不高于地表面。根系应在栽植时舒展入土，不应团在一起，以免影响生长和发育（图3-12）。露地种植后，每天浇水3 ~ 5次，缓苗后浇水次数可相应减少。如果春季可以在拱棚内种植，则必须在棚内保持足够的水分并及时放风，以防干旱和高温烘烤。

图3-11　定植后的草莓母株

图3-12　草莓母株及匍匐茎子苗

（三）田间管理

1. 灌溉

喷灌（图3-13）或漫灌是生产中常用的灌溉方式。在一些有条件的地区，采用微喷灌，与毛毛雨相似，它可以防止土壤溅到草莓植株上，不会破坏植株，有利于减少病害的发生。土壤的相对湿度应保持在60%以上，这可以使幼苗数量成倍增加。

图3-13　喷灌

2. 去除花序

在早春，从母株中长出的花序应及时清除，并尽可能远离根部完成去除花序操作，以免破坏毛细根，去除花序的目的是节省营养。它有利于匍匐茎和幼苗的生长，从而提高幼苗的质量，是培育优质苗的关键，去除花序越早越好（图3-14）。

3. 去除病老残叶

当母株上的新叶展开后，应及时清除干枯的老叶和病叶，以减少消耗养分和病害的发生，使得通风透光。在去除病老枯叶时，应注意去除托叶鞘以防传染病害（图3-15）。

图3-14　去除花序

图3-15　去除病老残叶

4. 追肥

缓苗后，叶面喷施0.2%～0.3%尿素1次。在大量发生幼苗的时期，应该对母株每20天施1次根外肥，氮、磷、钾三元素复合肥15kg/亩，或速效尿素10kg，并喷施2～3次氨基酸复合叶面肥，以达到壮苗目的。8月停止使用氮肥，以防花芽分化因植株长势过旺而受影响，改为喷施0.5%磷酸二氢钾2次。

5. 喷赤霉素

喷洒赤霉素能促进抽生匍匐茎，特别是对那些发生匍匐茎能力弱的品种。5—6月，选择在阴天或傍晚时喷洒赤霉素，并用40～60mg/L的赤霉素喷洒至苗心。每株喷5～10mL，对促进匍匐茎的萌发有明显作用，同时抑制植物开花。注意严格控制赤霉素浓度，过低导致效果不明显，过高导致植株徒长。

6. 引茎、压茎

当匍匐茎伸出后，应及时将其均匀分布在母株四周，避免重叠从而影响子苗的生长。当子苗出现且有两片叶子展开时，需要培土压蔓，以促进生根并加速生长（图3-16）。

7. 遮阴

对于一些耐热性差的品种，在炎热的夏季应对田地进行遮阴以防过度日照。可在果树的行间繁殖，利用树冠进行遮阴；或在繁苗地内宽行定植玉米（图3-17）、高粱等高秆作物进行遮阴。

图3-16　压茎

图3-17　定植玉米遮阴

8. 除草

由于幼苗大量生产并进入雨季，大量杂草会生长，为确保幼苗有足够的生长空间，避免杂草与幼苗竞争养分和水分，在此期间应进行人工除草（图3-18）。由于草莓对各种除草剂敏感，因此不建议使用化学除草剂。

9. 去匍匐茎

从7月底至8月初，匍匐茎基本上布满整个苗畦，每株草莓保留约50株匍匐茎苗。由于后期形成的匍匐茎幼苗质量较差，有必要结合匍匐茎摘心，去除无效幼苗，减少营养物质的消耗，确保早期形成的幼苗发育良好，并在8月上中旬喷洒2 000mg/kg青鲜素或4%的矮壮素，抑制匍匐茎抽生（图3-19）。

10. 病虫害防治

在育苗期间，应该重点控制草莓炭疽病、蛇眼病、“V”形褐斑病，以及蚜虫、地老虎等害虫。有关具体的防治方法，请参阅第五章病虫害防治部分。

图3-18 人工除草

图3-19 去除匍匐茎

11. 生产苗出圃

当匍匐茎苗生长4～5片叶子时，即达到出圃标准。为起苗时方便，应在前2～3天内灌溉一次使得土壤保持湿润。这样带土坨的苗不易被风吹干，基本不用缓苗，并且成活率较高（图3-20）。起苗深度不少于15cm，避免过浅伤根。如果在起苗后不能及时种植幼苗，应将幼苗放在阴凉处，根部应保持湿润，以防被风吹干。

对于需要长途运输或出口的草莓苗，苗木的处理更为严格。起出幼苗后，首先选择并清洗幼苗，然后捆扎50株为一个单位。在根部套一个塑料袋，以保持根部水分。将捆好的草莓幼苗包装并送至冷藏室进行预冷（图3-21），预冷时间超过24小时，然后装入低温冷藏车进行运输。

图3-20　带土坨的草莓子苗

图3-21　包装好的草莓苗

二、营养钵育苗

营养钵育苗在日本广泛应用（图3-22）。营养钵育苗就是将匍匐茎苗压在盛有营养土的育苗盘中进行单独培养，形成高质量的幼苗并将其种植到生产田中。其优点是幼苗花芽分化早，根茎粗壮，根系发达，栽植成活率高。此外，它还可以减少

图3-22　营养钵繁育草莓苗

田间土壤传染病虫和杂草的为害，并通过壮苗发挥促进高产的作用。

营养钵材质多为塑料，直径10～15cm，高10cm。可以是圆形钵或者穴盘（图3-23）。其中所含的营养土是由没有病虫害的花园土壤或田间土壤以及少量有机肥与细河沙混合而成。也可在每盆内混施1g磷酸二铵、0.5g硫酸钾补充肥效。当匍匐茎大量长出时，应将营养钵埋在母株周围，将匍匐茎苗按压栽在其中。当幼苗延长匍匐茎又长出新的匍匐茎幼苗时，将其再压栽到另一个营养钵中，不断地引栽并扩大幼苗数量。通常，采用一钵一苗（图3-24），当子苗超出3片叶、5条长为5cm根须时，可切断匍匐茎，移走营养钵并集中管理（图3-25）。也可以在7月中旬至8月中旬集中移走钵苗，将营养钵排放到另一个苗床中紧密排列，进行培育，相当于假植圃育苗。

图3-23　育苗用营养钵和穴盘

图3-24　一钵一苗

图3-25 穴盘苗集中管理

营养钵育苗在生长的早期阶段追肥不应过早。根据缺乏肥料的症状，根据需要施肥。在草莓幼苗生长期间，每7～10天可喷洒500倍液氮肥，连续4次或5次。对于具有花芽分化较早的品种，在8月中旬停止施用氮肥；反之，可稍晚些在8月下旬停施氮肥。确认花芽分化后，要及时施用速效氮磷钾复合肥，花芽分化后缺肥会影响花芽的发育，延迟采收期，降低产量。营养钵育苗的水管理很重要，几乎需要每天浇水以保持营养土湿度。为了减少钵内营养土的水分流失，可以做50～70cm宽的畦床（图3-26）。露地营养钵育苗应在7—8月用遮阳网覆盖，以防大雨将营养土冲出，减少夏阳灼苗。当冬季温室扩繁幼苗时，应随时将花蕾去除，以促进抽生匍匐茎。

图3-26 育苗畦床

三、假植育苗

将从草莓母株上切下的幼苗移植到准备好的苗床或营养钵中，用于临时非生产性定植，称为假植。假植育苗是培育壮苗，提早花芽分化，提高产量的有效措施，可加大光合效率，增加根茎中贮藏的养分。东北地区一般从7月初到8月初进行。选择纯苗和壮苗，从幼苗两侧约2cm处切下匍匐茎，将它们与母株苗分开。将其放入装有水的塑料盆中，仅浸泡根部，准备按（10～15）cm×15cm的株行距假植。移植尽可能选择低温或阴雨天，移植后喷水（图3-27）。假植圃应选择离生产大棚较近、土壤疏松透气、灌溉排水方便、有机质含量高的地块。

图3-27　假植育苗

四、高山育苗

正常的花芽分化过程需要相对低的温度和短日照条件。我国南方往往受到气候条件的限制，草莓育苗花芽分化效果差，种苗栽植后容易出现开花早而花量少、花果连续抽生能力差、果实采收断档时间长的问题。而北方高海拔地区夏季气温低，气候条件有利于草莓繁殖种苗生长发育，种苗根系发达，花芽分化数量多并且饱满，连续开花能力强，苗木质量好，产量较高。

高山育苗就是在海拔800m以上或北方纬度适宜地区繁育种苗，

将生长发育健壮的种苗适时下山或运往南方栽植，以获取更高的产量（图3-28）。

图3-28　高山育苗

苗圃地要选择通透性好、土壤肥力高、排灌水方便并且两年内没种植草莓的田块，育苗栽植时间在育苗地气温稳定在10℃以上时进行，可以结合地膜小拱棚技术提高繁苗系数。

种苗地应施足底肥，一般采用每亩4 000kg发酵的优质农家肥，30kg磷酸二铵和15kg硫酸钾，底肥随翻耙地全施用到40cm深土层中。应大垄面小株距栽植，山坡地可以将母株定植到垄面偏下方，平肥土地可栽植在垄面中间。栽植密度依土地和品种而异，地力较差的田块和繁殖系数低的品种密些，而地力肥沃和繁殖系数高的品种可以稀些。栽植管理要求如前所述，但更应严格种苗出圃质量标准，保证大壮苗用于生产。

另外，高山育苗大都是远距离异地进行，要在起运苗时避免运贮过程根系失水过多，应采用低温冷藏和低温条件运输，保证种苗安全到达生产田和及时栽植。

第四章 草莓栽培技术

随着农村经济体制的改革，我国草莓生产已从原来的自种自食零星生产发展到目前的商品化大面积生产，特别是已经形成产业优势的地区，在持续高效发展草莓生产时，尤其需要注意草莓的规划发展，注重这一优势种植业的规模效益。

草莓栽培技术多种多样，这里重点介绍我国北方广泛利用的露地、半促成、日光温室3种栽培形式的技术要点及关键技术。

第一节　草莓露地栽培技术

草莓露地栽培是指在田间自然条件下，不采取任何保护措施在大田栽植草莓的一种栽培方式（图4-1）。

图4-1　露地栽培

它具有栽培容易、管理简单、成本低、经济效益高等优点。然而露地栽培很容易受到高温、低温和雨水等不利环境的影响，这会影响草莓的生长发育。因此，许多地区的草莓种植已从原来的露地栽培转变为保护地栽培。但是，在没有建造保护设施的地区、种植技术落后的地区和草莓加工厂的生产基地等依旧以露地栽培为主。

一、栽植技术

（一）园地选择

因草莓具有喜光、耐阴、喜水又怕涝等特点，建园时应考虑在地面平坦具备灌溉条件、土壤富含有机质、保水保肥能力强、通气性良好、弱酸性或中性沙壤土。草莓重茬严重，前茬最好选择与草莓无共同病虫害的豆类、瓜类、小麦、玉米或油菜等作物。

（二）整地做畦

草莓种植前的整地工作包括除草、施肥、耕作、做畦起垄。在翻地前施用基肥，主要是农家肥或有机肥，适量与其他肥料合用。一般每亩施用5 000kg优质农家肥、40kg过磷酸钙和50kg三元复合肥，并在适当的时候补充相应的微肥，以避免土壤明显缺素。基肥应在整个园圃中施用，耕作后与土壤应彻底混合。耕作深度应约为20cm，之后耙平地面，然后做畦（图4-2）。

图4-2　整地

常用的有平畦和高垄两种形式。北方主要采用平畦栽培，因

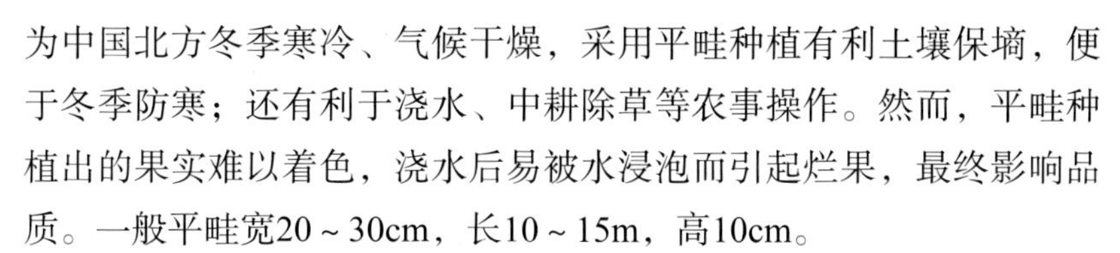

为中国北方冬季寒冷、气候干燥，采用平畦种植有利土壤保墒，便于冬季防寒；还有利于浇水、中耕除草等农事操作。然而，平畦种植出的果实难以着色，浇水后易被水浸泡而引起烂果，最终影响品质。一般平畦宽20～30cm，长10～15m，高10cm。

在地下水位高和多雨的南方地区，或有喷灌的地区，适宜采取高垄栽培；北部地下水位较低的地区可以适当降低垄的高度和宽度。采摘园应适当增加园内垄沟的宽度。高垄种植的优点是增加土壤通气性、通风好、光照足、果实着色好、病虫害少、果实腐烂少。同时，高垄栽培也有利于覆盖地膜和垫果，可提高地温和果实品质。

（三）品种选择及秧苗准备

有许多草莓适合露地栽培，但为了获得更好的质量和更高的经济效益，在选择品种时应考虑以下问题。

1. 根据气候条件选择品种

中国北部和南部地域辽阔，气候条件不同。由于北方地区冬季低温持续时间长，自然气候影响较大，选择露地栽培时，应选择需冷量高、休眠深的寒地型品种和中间型品种。同时，要注意选择冬季抗寒性强，尤其是开花期间耐低温的品种。在南部地区，冬季气候较暖，可选择需低温量少和休眠浅的暖地型草莓品种。

2. 根据地势选择品种

不同地势也要选择不同的品种。在低洼地区，很容易积聚冷空气，因此，应种植抗低温和抗花期晚霜危害强的晚熟品种；反之，早熟品种可种植在地势较高的地块。

3. 根据果实用途选择品种

露地生产的草莓果实可以用于鲜食或加工。如果主要用于鲜食，则应优先选择味道好、含糖量高、香气浓郁的草莓品种。如果主要用于加工，则选择高产、果实成熟期集中、果汁多、酸甜适中和色泽偏深的欧美草莓品种。

4. 选择适宜的授粉品种

由于草莓异花授粉后产量明显增加，除主要种植品种外，还应配置授粉品种。一般来说，主要种植品种的面积不小于70%，1个主栽品种可与2～3个授粉品种相搭配。同一品种在园内可以集中配置，便于管理和收获，但主要种植品种和授粉品种距离不应超过20～30m。

基于以上因素，适合北方地区种植的品种包括戈雷拉、全明星、达赛莱克特、明晶和明旭等。适合长江中下游地区种植的品种包括硕丰和硕蜜等。华北地区有星都1号、星都2号、石莓1号、哈尼和春星等；西南地区有丰香和春香等。此外，南北高海拔地区也可以选择宝交早生为主要种植品种。

草莓幼苗的质量对定植成活率和产量有较大影响。其标准均是：品种纯；植株矮壮，没有病虫害；具备5片以上发育正常的叶片，叶柄粗短又不徒长；新茎粗度大于1cm，根不少于15条，且粗白；苗重30g以上。

生产用苗最好随起随栽，若需要长途运输，则应将幼苗捆成捆，用水浸蘸后，在包装时可添加保湿物品，以避免水分流失，降低运输过程中幼苗根系的水分损失。到达目的地后，根浸水2小时后再进行栽植。秧苗栽植前进行修整，剪除死根和过长的根系，去除枯叶和部分老叶，保留2～3片心叶即可，以减少水分散失，利于秧苗成活。去除叶片时，要注意保留一部分靠近基部的叶柄，以免损坏根茎。

（四）栽植的时期、密度及方法

露地栽植草莓一般秋季种植，不同地区应根据当地的气候条件选择合适的种植日期。北部地区的秋季种植一般从8月下旬至9月上旬，秋季的温度为15～25℃。此时，大多数幼苗可达到所需的定植标准，温度低，成活率高。南部地区的秋季种植一般适合10月上旬和中旬。切勿在高温晴朗的天气种植。

图4-3　高垄栽培

在露地栽培密度上，一般来说，平畦栽培的株距为20～30cm，行距为30～40cm，每亩大约种植7 500株；高垄栽培（图4-3），垄面宽50～60cm，沟宽30～40cm，双行种植，株距15～20cm，亩定植8 500株左右。品种长势旺、幼苗质量好、管理水平高、土壤肥力好可以适当稀疏移栽，反之适当密植。

栽苗时，将根整理好放入穴内，露出中心芽，若过深或过浅均会影响秧苗成活率，新茎的弓背应朝向固定方向，使每株植物的花序朝向相同的方向，最后将土填平并压实。

（五）提高栽植成活率

1. 根系药物处理

为了促进根系生长，提高种植成活率和增加产量，可以在种植前2～6小时使用5～10mg/kg的萘乙酸或萘乙酸钠溶液进行蘸根。促进生根的效果非常明显，处理后幼苗的新根发生量几乎是未经处理的幼苗的2倍，可以明显提高秧苗成活率。

2. 摘除老叶

在种植前保留2～3片新叶，大部分剩余的老叶被去除，这可以减少蒸腾和水分流失。注意摘叶片时，应将叶柄留在中心附近2～3

片老叶的基部，以保护根茎，有利于成活。

3. 带土坨移栽

当草莓幼苗与生产田距离较近时，可采用带土坨移栽的方法。挖苗前先用水洇苗畦以利挖苗，土坨可切成8～10cm的方块或三角块。

4. 适期栽植

为缩短缓苗期，提高成活率，要避免阳光暴晒，减少叶面蒸腾，应选择在阴雨天或晴天早晨、傍晚栽植。如果下大雨应及时排水，防止水淹致死亡。

5. 覆盖遮阴

栽后如遇晴天，在补充水分的同时，可用苇帘等覆盖遮阴或搭建遮阳网，待成活后及时晾苗通风，为了避免在突然移除遮阳物时灼伤幼苗，3～4天后再取下遮阳物。

6. 及时浇水

种植幼苗后，立即浇水1次，之后每2～3天浇水1次。如定植后温度过高，可在正午时利用喷雾器向秧苗进行喷雾降温，以提高幼苗栽植成活率。

二、土肥水管理技术

（一）土壤管理

1. 土壤改良

浅层土壤施肥多易造成有机质含量降低、土壤板结等，因此可在草莓采后进行土壤深耕，以加深根系活动的有效土层；或者可以选择水稻、玉米、高粱等进行轮作。通过这种方式，可以避免病虫害的滋生，增加土壤有机质含量，改良土壤结构和质地。

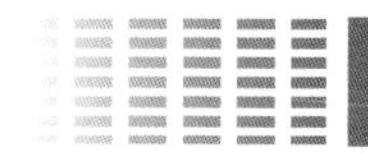

2. 土壤消毒

草莓定植前要对土壤进行消毒，否则很容易引起重茬病害，如黄萎病和根腐病。

3. 中耕除草

中耕可以增加土壤通气性和土壤微生物活动，加速有机质的分解，促进根冠生长；同时，可以消灭杂草，减少病虫。一般来说，中耕深度为3～4cm，这是基于不破坏根系和除草松土的原则。

4. 地膜覆盖

地膜覆盖，以提高地温，促进生长，保持土壤水分，防止频繁灌溉造成的土壤板结，抑制杂草；防止浆果与地面接触，提高果实产量和质量。

在覆盖地膜前，先将土地平整。覆盖地膜时要绷紧、压实和密封。由于北部地区冬季气温较低，幼苗应全面得到封闭覆盖，以免受冻。在早春，可选择在晴天无风时进行破膜提苗，随后用细土封住洞口，以防热气从洞口逸出灼伤茎叶。

（二）施肥

1. 草莓需肥特点

露地栽植的草莓有4个需肥阶段。第一阶段是从定植后至完成自然休眠；第二阶段是到现蕾期，此期植株开始旺盛生长，养分需求量增加；第三阶段是植株开花坐果期，对养分的吸收和消耗达到高峰；第四阶段是果实膨大期和成熟期，此期对氮的吸收速度明显降低，对磷、钾的吸收量增加（表4-1）。

2. 基肥

基肥主要是有机肥，可长期为草莓提供多种营养。一般每亩施充分腐熟鸡粪2 000kg或优质厩肥5 000kg，并加入适量磷、钾肥或其他矿质元素。

表4-1　草莓各需肥阶段对氮、磷、钾的吸收比例

阶段 时期	第一阶段	第二阶段	第三阶段	第四阶段
	从定植后至完成自然休眠	完成自然休眠到现蕾期	植株开花坐果期	果实膨大期和成熟期
对氮、磷、钾的吸收比例	1∶0.34∶0.3	1∶0.26∶0.65	1∶0.28∶0.93	1∶0.37∶1.72

3. 追肥

（1）根部施肥。在整个生长过程中，草莓植株吸肥可大致分为4个阶段。第一个阶段是从定植到完成自然休眠。定植缓苗后，植株和根系的生长势仍然相对较强，在花芽分化后进行第一次追肥，以氮肥为主要肥料，施用复合肥15～20kg或尿素7.5～10kg，以增加顶芽花序的花数。第二个阶段是从自然休眠解除后到植株现蕾期。随着温度的升高，植株吸收的养分量也会增加，因此，在开花前进行第二次追肥，施用氮、磷、钾复合肥10～15kg。第三个阶段是从开花到一级序果开始成熟，植株吸收和消耗的养分达到了高峰，应在一级序果实膨大前进行第三次追肥，施用肥量与上一阶段大体相同。第四个阶段是盛果期，随着果实的膨大和成熟，氮素吸收量开始减少，磷和钾的吸收开始增加，钾的吸收量达到最高。为了提高果实品质，促进植株健壮，防止植物衰弱，每亩施10～15kg磷钾肥。草莓追肥的方法可以施用于植株两侧，或者可以在离根部20cm的距离处施用，或者通过使用液体肥料施用。

（2）叶面喷肥。由于草莓根系较浅，耐肥力差，追肥不当往往会导致根系被灼烧造成死苗现象。因此，叶面追肥（图4-4）是草莓园中肥料和水管理的重要措施。草莓叶片具有较强的吸肥能力。在

开花前喷施0.3%尿素或0.3%磷酸二氢钾3～4次可以增加单果重，提高浆果品质，并使坐果率提高8%～19%。叶面喷施肥主要喷在叶背面，一般在傍晚进行。

图4-4 喷施叶面肥

（三）浇水

1. 定植后浇水

由于秋季种植期间的高温和旺盛的蒸腾作用，新种植的幼苗尚未长出大量新根，因此吸水能力差，灌水不足会导致死苗。此期最好使用沟灌。

2. 灌冻水

在越冬前应灌一次封冻水，要灌足灌透。既可提高植株越冬能力，又能促进植株翌春的生长。

3. 早春灌水

在早春去除覆盖物后，不宜过早灌水，以免地温突然下降，影响草莓根系生长的恢复和枝条萌芽。此时，为了增温保墒可浅耕。

4. 花果期灌水

进入开花期后，需水量逐渐增加。当果实增大到浆果成熟期，必须适当地控制水。切勿大水漫灌，否则在气温较高的情况下，很容易感染灰霉病，导致浆果腐烂。可以在有条件的地方使用滴灌。

5. 及时排除积水

草莓既爱水又怕涝。因此，建立排水系统是草莓园建设的关键一步，及时排除积水。

三、植株管理技术

（一）摘除匍匐茎

虽然匍匐茎是草莓的营养生殖器官，但为了确保果实产量，应及时清除过多的匍匐茎。减少母株中营养物质的消耗，避免影响花芽分化，降低植株产量和越冬能力。

（二）疏花疏果

草莓是二歧聚伞花序，高级次花非常小，大部分不能开放。因此，现蕾期为了使采收期集中，且节省养分、增大果个，应尽早疏去高级次小花蕾等弱花花序，一般每个花序上保留1～3个花果即可。

（三）垫果

在草莓坐果后，浆果的重量逐渐增加，而且果穗下垂与地面接触，此时浇水和施肥时容易污染果面，造成果实感染病害引起腐烂。因此，对于没有进行地膜覆盖的草莓园可以在开花后2～3周用麦秸或稻草垫在果实下面，以减轻草莓病害发生，从而提高浆果商品价值（图4-5）。

图4-5　垫果

（四）摘除病老残叶

当草莓植株下部叶片的生长状态呈水平并且开始变黄时，应该用剪刀及时将其从叶柄的基部去除。病原菌通常寄生在越冬的老叶上，待植株长出新叶后应立即将其除去。当发现病叶时，应及时将其摘除并从果园带出，集中焚烧或深埋，以减少病原菌的传播。

（五）赤霉素处理

赤霉素俗称920，是草莓生产中运用广泛的一种植物生长调节剂。

1. 主要作用

打破植株休眠，促进母株的旺盛生长，使植物尽早尽多的长出匍匐茎，提高幼苗产量和品质。露地栽培草莓一般在展叶期至现蕾初期喷洒赤霉素，浓度为3～5mg/kg，施用后可提早收获约7天，产量增加约10%。

2. 注意事项

首先，赤霉素不溶于水，可溶于乙醇；二是赤霉素可与中性或酸性农药混用，遇碱性物质和高温时容易分解，并且需在低温干燥条件下保存；三是赤霉素水溶液容易失效，如果配制好的母液在常温下放置超过半个月，最好不要再使用，应现配现用；四是要选择在晴天中午温度高时喷施，重点喷心叶，喷施时雾滴要细、要均匀；五是当赤霉素使用过量时，可根据具体情况喷施多效唑来抑制徒长。如当赤霉素使用量超过正常使用量的2倍左右时，可用多效唑600～1 000倍液进行抑制。

（六）病虫害防治

露地栽培的草莓主要病害包括枯萎病、炭疽病、灰霉病、蛇眼病、褐斑病等。主要害虫有蚜虫、红蜘蛛、白粉虱、草莓卷叶蛾和地老虎等。有关病虫害发生规律和防治方法请参阅第五章。

四、防寒管理技术

（一）越冬防寒

在深秋，草莓逐渐开始休眠，叶柄变短，叶片变小，植株呈横向生长，以抵抗低温的到来，同时方便了防寒覆盖（图4-6）。虽然草莓根系可以短时间承受-8℃的地温和-10℃的气温，但在北方冬季寒冷多风、干燥少雪，不能在露地安全越冬，必须做好防寒措施。华北地区的越冬覆盖时间一般在11月中下旬进行，北部略早，南部略晚。在覆盖防寒材料之前，先灌一次封冻水。

覆盖材料主要由塑料地膜制成，在寒冷地区，可以使用腐烂的粪肥、树叶、各种农作物秸秆等。如果用土覆盖，最好先覆盖一层3～5cm厚的草或秸秆，然后再覆盖土壤，以方便春季撤土。高垄覆盖畦面呈垄状，地膜覆盖于垄面上，并且根据膜的宽度在垄沟内压土（图4-7）。地膜覆盖保墒增温，还能使越冬苗的绿叶面积达80%以上，春季温度升高，可以继续生长并产生营养，这可以使浆果早熟7～10天，并使产量增加20%左右。

图4-6　休眠状态

图4-7　地膜覆盖

（二）撤除防寒物

在第二年春天开始化冻后，当平均气温高于0℃时可以进行第一次撤除上层已解冻的覆盖物。这样太阳照射进来就可以提高地面温度，有利于快速解冻下面的覆盖物。第二次覆盖物撤除可以在地上部分即将萌芽时进行。在完全撤掉覆盖物后，应及时清除干净地里的枯枝烂叶进行焚烧或深埋，以减少病虫害。撤膜时间根据早春的气候条件确定，温度回升的快要适当早些，反之则适当晚些。如果过早撤掉膜，气温和地温较低，植株恢复绿色较慢，开花结果较晚，成熟期较晚；过晚撤膜则会造成植株徒长，且开花授粉受影响导致产量下降。

（三）防春季晚霜危害

春季草莓的萌发对低温敏感（图4-8、表4-2）。

图4-8　雌蕊受冻变黑

表4-2　不同低温状态下草莓植株变化

处于低温时期受害程度	植株某部位变化	最终结果
-1℃，受害轻	幼叶的叶尖与叶缘呈现黄色，部分雌蕊呈现褐色，幼果受冻呈水渍状停止发育	形成畸形果
-3℃，受害较重	茎叶变红，正在开放的花朵花瓣变红，雌蕊变黑	不能发育成果实

在经常发生晚霜的地区，可以种植抗晚霜品种或中晚熟品种，尽量不培育早熟品种。为了防止霜冻，还可以及时关注天气预报，

当寒流来临时，用塑料薄膜或草帘覆盖；也可以在上风口处点火熏烟；或者有喷灌条件的地方，还可以进行喷灌。

第二节　草莓半促成栽培技术

草莓半促成栽培是指草莓在秋冬自然条件下达到自然休眠时，但休眠还未完全觉醒前，人为强制打破休眠之后，进行保温或加温以促进植株的生长和开花，从而可以在1—4月采收果实。南方地区采用塑料大棚、小拱棚等。

一、塑料大棚半促成栽培技术

（一）品种选择

根据半促成栽培的特点，南方应选休眠较浅的品种，如“丰香”“章姬”“鬼怒甘”“红颜”“书香”等。

（二）整地定植

定植前做好整地施肥工作（图4-9）。大棚半促成栽培比露地栽培采收早、产量高，因此，要施足优质的基肥，多进行根外追肥。根据棚向做长垄，垄宽85～95cm，垄高30～40cm。定植时期宜在9月上旬前后。采用繁殖圃秧苗可高垄密植，以提高产量。采用大垄双行，定植株行距为（15～20）cm×（20～25）cm，每亩一般栽植1.0万～1.2万株。若采用假植苗，密度宜适当减小，每亩不宜超过1万株。

（三）扣棚保温及地膜覆盖

扣棚通常在1月上中旬进行。扣棚过早，较难打破休眠，植株矮

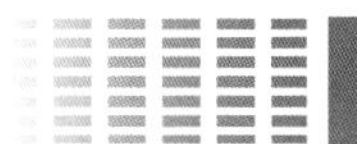

小，生长势弱，产量低；扣棚过晚，植株营养生长过旺，收获期延迟（图4-10）。

图4-9　整地

图4-10　扣棚膜

扣棚保温后不久，选择在早晨、傍晚或阴天进行地膜覆盖，之后立即破膜提苗进行浇水。到了严寒时候还需要加盖第二层膜，这时候只需要在棚内上方加盖即可。

（四）温湿度管理

1. 温度管理

大棚半促成栽培可以获得比露地栽培提早成熟1～2个月的效益。在棚温调节中，扣棚后需要棚屋密闭以确保快速升温，以促进植株茎叶生长，增加光合作用，并在体内累积营养，促进开花结果。扣棚前期，确保白天温度在30℃左右，夜间最低温度应保持8℃以上。保温一个月后，开始现蕾开花。此时花器对高温极为敏感，超过35℃，花粉生活力降低，影响授精，夜温降到0℃以下时雌蕊易冻，长出畸形果。温度控制在18～20℃为宜。果实膨大期白天温度控制在20～22℃，夜间温度控制在5～10℃。此时，还可根据市场需要来调节温度，温度高，成熟早，但果实小；温度低，成熟延迟，但果实大。

2. 湿度管理

升温后，植株开始快速生长，注意控制湿度，否则容易发生病害，影响草莓的正常生长发育。除了通过覆盖地膜及膜下灌溉来降低温室内湿度外，还应特别注意通风。开花期棚内的湿度应保持在40%～50%。

二、小拱棚半促成栽培技术

此模式是在露地栽培基础上发展的一种栽培方式，生产技术相对简单，对草莓的休眠、花芽分化等要求不高，成本较低，成熟日期比露地栽培早15～20天，效益更好。

（一）品种选择

栽培品种与露地栽培品种基本一致，南方地区宜选用休眠较浅、耐高温、有较强抗病性的品种。

（二）整地做垄

土壤消毒后平整土地，每亩施4 000kg有机肥、三元复合肥50kg，施肥后做畦。小拱棚通常采用平畦栽培，平畦宽1.3～1.4m。或采用半高垄栽培，垄高10cm，垄面呈弧形，宽40cm，垄沟宽30cm。

（三）扣棚时期

根据各地区气温情况确定扣棚时间，生产中有早春扣棚和晚秋扣棚两种形式。我国南方地区多在早春草莓新叶萌发前扣棚，提早扣棚，植株可以提前生长发育，但花器和幼果在早春易受冻害。

（四）升温后管理

在早春，温度逐渐升高，可以分批进行防寒物的去除，然后破膜提苗并清除枯老叶片。拱棚升温后及时浇水，并追施1次液体肥，以满足植株生长需要；在顶花序现蕾时和顶花序果开始膨大时可以再次施用1次液体肥料，并且可施加0.2%～0.4%三元复合肥液。注意不能大水漫灌，否则地温上升慢，易出现病害严重等现象。

第三节　草莓日光温室栽培技术

日光温室因其鲜果上市早、供应期长、产量高、效益好等特点，是我国北方地区草莓栽培的主要栽培形式。鲜果上市时间可以从12月中旬开始，陆续采收到翌年5月，持续5～6个月，是较好的反季节栽培的方式，但该技术的设施条件要求较高（图4-11）。

温室设计必须采光合理、保温效果好，同时还能合理利用建筑材料和最大限度地利用设施内的土地和空间。温室一般坐北朝南、东西走向，南偏西或南偏东3°～5°，跨度一般为60～80m，脊高不应低于3m，墙体厚度原则上是当地冻土层厚度再加上50cm为宜。保温棚膜建议选择PVC无滴膜，需加盖草帘保温，草帘以稻秸、麦秸5cm以上厚度为宜，寒冷地区还应加盖卷帘棉被。后墙还可以堆放秸秆、稻草、培土或在山墙外盖搭一层塑料薄膜保温（图4-12）。

图4-11　草莓日光温室栽培

图4-12　北方常见温室结构

一、栽植技术

（一）选择良种壮苗

草莓促成栽培采收期早、产量高，因此要求幼苗根系发达，植株健壮，叶柄短而粗，叶色绿，具成龄叶片5～7片，新茎粗至少1.5cm，开花期对低温抗性较强，同时抗病、早熟、优质、丰产。适合促成栽培的品种有“书香”“燕香”“秀丽”“章姬”“甜查理”“红颜”等。

（二）整地定植

促成栽培定植时间较早，北方地区通常在9月初进行。采用南北走向深沟高垄栽培，垄面宽50～60cm，垄沟宽30～40cm、深25～30cm，每垄栽2行，株距15～20cm，行距25～30cm，每亩视品种不同栽植8 000～11 000株。

（三）扣棚保温及地膜覆盖

及时扣棚保温是至关重要的，这个时期应该掌握在顶花芽分化后，并且第一腋花芽已经分化，即将进入休眠状态。过早保温会影响花芽分化，保温过迟一旦植株进入休眠，则很难解除休眠，导致植株矮化。

地膜覆盖可以减少土壤中水分的蒸发，降低日光温室中的空气湿度，减少病虫害的发生。目前，黑色地膜广泛应用于生产中，透光性差可以显著减少杂草的生长，可以提高土壤温度，使植物生长旺盛，鲜果提早上市。另外，覆盖地膜可以保持果面洁净，提高果实商品质量。

二、温湿度、光照与肥水管理技术

（一）温湿度管理

扣棚后，草莓对温度要求在早期较高而在后期较低。在保温开始时，由于外部温度高，可以暂时不加盖保温覆盖物，并且可以根据白天室内温度随时通风降温。现蕾期夜温不宜过高，超过13℃会导致腋花芽退化，雌、雄蕊发育受阻。开花期夜温不能低于5℃，否则不利于开花和授粉受精，30℃以上的高温将导致花粉发育不良，45℃高温会抑制花粉萌发。果实膨大期夜温低有利于养分积累促进果实膨大（表4-3）。

表4-3　草莓不同发育时期的最适温度范围

最适温度范围	现蕾期	开花期	果实膨大期	采果期
白天	25～28℃	23～25℃	20～25℃	20～23℃
夜间	10～12℃	8～10℃	6～8℃	5～7℃

通过揭盖棉被和通风口大小可以调节室温。通风不仅能降低室内温度和空气湿度，而且能增加室内二氧化碳气体，有利于光合作用。日光温室通风应尽量先在顶部通风，如不能满足降温要求，再进行腰部通风或底部通风，有后窗的温室也可打开后窗通风。棚膜尽量选用无滴膜，防止湿度过大形成的水滴导致畸形果及果实病害。开花期间室内空气的相对湿度应控制在40%～50%。

（二）光照管理

草莓促成栽培，主要生长期在较寒冷的冬季，因此，光照是影响日光温室促成栽培的一个关键因素。定期清洗棚膜可以增大透光率，从而增加光照，或者通过人工补光也可以增加光照（表4-4）。

表4-4　3种补光方法

补光方式	延长光照	中断光照	间歇光照
时间段	日落至夜间10时	夜间10时至翌日凌晨2时	日落以后，每小时光照10分钟、停50分钟，累计补光约140分钟

上述3种方法效果明显，间歇光照是最经济的。补充光照可以促进生长，提早成熟，降低畸形果的发生率，但对产量影响不大。应该注意的是，早晨照明对于增大果实是有效的，傍晚照明容易使得叶柄伸长。

（三）肥水管理

草莓促成栽培保温后，植株生长周期加长，需肥量增大，肥水不足极易造成植株早衰。草莓生长期可追肥4～5次，切勿追肥过量，施三元复合肥以每亩8～10kg为宜。通常，定植时浇3～5天大水，以浇透畦埂为原则，之后可以结合追肥进行浇水，最好膜下灌溉，防止棚内湿度过大。

（四）施用二氧化碳气肥

在冬季日光温室中，由于气温低通风时间较短，导致室内二氧化碳不足，光合作用减弱，影响草莓产量和品质。通常在日出前，日光温室内的二氧化碳含量最高，揭草帘或棉被后随着光合作用的加强，二氧化碳含量急剧下降，近中午时出现严重亏缺。因此，为了满足植株进行光合作用，应人工施用二氧化碳气肥。

1. 施肥方法

一是增施有机肥。在施入有机肥后，有机肥料缓慢分解并释放出大量的二氧化碳气体。二是使用液态二氧化碳，它卫生且易于控制用量。三是放置干冰。干冰是固态的二氧化碳，放入水中后慢慢气化或在地上挖出2～3cm深的条形沟，放入干冰然后覆盖土壤。该方法释放量便于控制、使用简单，但成本较高，而且不便于贮运。四是化学反应施肥法。通过强酸与碳酸盐反应生成碳酸，在低温条件下将碳酸分解为二氧化碳和水，补充室内二氧化碳含量，生产上通常用稀硫酸和碳酸氢铵反应这一方法。

2. 施肥时间

一般来说，在严冬、早春及草莓生育初期施用效果最好。施肥时间大概在开花后1周左右，能促进叶片进行光合作用，并产生大量有机物质供果实吸收，提高早期产量。施用最佳时间是上午9时至下午4时。

3. 注意事项

首先，当需要通风时，应在通风前0.5～1小时停止施用二氧化碳。其次，寒流期、阴雨天和下雪天一般不适用或减少施用量，上午施用一般是在晴天，中午前后施用一般是在阴天。增施二氧化碳后，草莓生长很快，应多施用磷、钾肥以控制氮肥，防止植株徒长。施用二氧化碳气肥要持续施用才能达到增产效果，一旦停止，草莓会提前衰老，显著降低产量。假若必须停止施用，应逐渐降低施用量或逐渐缩短施用时间，直到停止施用，使得植株逐步适应环境。最后，采用化学反应方法时切记谨慎操作，硫酸有强腐蚀性，防止其滴到皮肤、衣物上，若洒到皮肤上应及时清洗，并涂抹小苏打（碳酸氢钠）。

三、植株管理技术

（一）摘掉病老残叶

在草莓生长期间，有些叶片会逐渐老化和变黄，呈水平生长状态。黄化老叶不仅产生很少的光合产物，而且消耗较多的营养物质，容易发病。因此，当新生叶片逐渐展开时，应及时清除老叶，以改善株间通风和透光性。

（二）去匍匐茎、掰芽

草莓的匍匐茎和花序都是从植株叶腋间长出的分枝。促成栽培的草莓植株生长旺盛，抽生匍匐茎、子苗发育以及腋芽的分化会大量消耗母株的养分，影响果实大小和产量，因此在整个生长过程中要及时去除匍匐茎，在顶花序抽生后，每个植株上选留2个腋芽，其余全部掰掉。

（三）整理花序

由于草莓高级次花芽的分化能力较差，结果较小，商品价值较低，所以应对花序进行整理，合理留果。通常每个花序留7～12个果，剩余高级次花果将被去除。在果实成熟期，花序会因果实沉重伏地而引发灰霉病等病害，导致果实腐烂。因此，生产中常采用高垄栽培，并在垄的两端钉好木桩，把绳子拉直拴在木桩上，支起花序，以提高果实洁净度。此外，有必要及时去除结过果的花序，以促进新花序的发生。

（四）赤霉素处理

赤霉素可以解除草莓休眠，防止植株矮化。通过喷施赤霉素，草莓植株可以加速生长，抽生叶柄和花序。在日光温室草莓保温开始后，当第二片新叶刚展开时，喷施效果更明显。例如章姬、枥乙女、红颜、甜查理等浅休眠品种只需喷施1次，喷施浓度为5～7mg/kg，每株用量约5mL，着重喷施于草莓的心叶部位。最好在高温时进行，喷后将温室内的温度控制在大约30℃，几天后方可见到效果。

（五）辅助授粉

草莓为自花授粉，但为了提高坐果率，增加产量，减少无效果、畸形果，一般会采取异花授粉措施。草莓授粉主要通过风和昆虫完成，但冬季温室促成栽培环境密闭，需进行辅助授粉。最常用的方法是温室放蜂，使用雄蜂的效果会更好，因为雄蜂的活动不会受温度和光照等条件的影响。蜂箱放在温室内高于地面15cm处，选择中间坐北朝南、光照好的地方（图4-13）。放蜂期间禁止施药，同时要在温室通风口挡一层窗纱，避免蜂从通风口飞出去（图4-14）。

图4-13　温室蜂箱

图4-14　蜜蜂辅助授粉

（六）病虫害防控

草莓日光温室促成栽培中，常见病害为白粉病和灰霉病，螨类、粉虱、蚜虫和小地老虎等会引起草莓虫害，应注意及时预防和控制，防治措施见本书第五章。

四、防寒管理技术

（一）雨雪天温室管理

下雪天气外界气温较低，为保证温室内不受低温伤害，可采取以下措施提高室温。

1. 及时清除积雪

大雪压在保温覆盖物上很容易把棚架压垮，因此必须及时将棚屋薄膜上的积雪与棚墙上的积雪一起除去。

2. 采取加温措施

白天扫除积雪，增加棚膜透光性，利用灯泡、暖气、火炉等临时加温设施以提高棚内温度，必要时可以在棚内扣小拱棚来增温防冻。

3. 改善光照

雪后转晴，白天可揭开部分覆盖物增加光照，不一次性揭开覆盖物的原因是防止出现因光照过强而使草莓失水甚至导致永久性萎蔫。

（二）雾霾、阴雨天温室管理

冬季出现连续阴雨天和雾霾时，空气相对湿度可达95%以上，而室温由于光照弱，温度在15℃以下，严重影响了叶片进行光合作用，从而延缓果实成熟，降低果实产量和品质。此时，应采取如下措施改善温室内的环境条件。

1. 尽量揭开覆盖物

应在阴天中午揭开遮盖物促使植物吸收散射光，增强适应光的能力，有利于增产。经过长时间的低温后，天气突然晴朗，不可过早地揭开覆盖物，应先将卷帘卷起一部分，避免棚内升温过快，草莓难以适应。

2. 人工补光

可选用白炽灯进行补光加温，每盏100W的灯能照7.5m^2的面积，每天17—22时补光5～6个小时，可以增产30%～50%，可以减少畸形果50%左右。

3. 雾霾过后棚膜除尘

准备一根比温室宽稍长的绳子，在上面缠一些布条制成布条绳。一人拿着绳子一端，分别站在棚下和温室后坡上，把绳子拉紧来回摆动进行擦拭棚膜，以增加透光量，布条绳清洗干净后可多次使用。

4. 合理控温

安装临时加热设备，方便夜间加热，正午前后短时间通风，室内白天温度保持在20℃左右，夜间最低温度在10℃以上。

第四节　草莓立体栽培与无土栽培技术

草莓的立体栽培也称为垂直栽培，在不影响地面栽培或无地面栽培的前提下，通过栽培槽、栽培管、栽培柱或其他形式作为草莓生长的载体，充分利用温室空间和太阳能的栽培方法。无土栽培是指在不使用天然土壤的情况下，用营养液或固体基质加营养液培养作物的方法。

无论是立体栽培还是无土栽培，它们与传统栽培相比具有以下特点。

一是节约土地、水分和肥料，产量高。传统的草莓种植密度为12万～15万株/hm^2，而采用立体栽培，种植总量可达40万～45万株/hm^2，相当于传统露地栽培的3倍，节约超过2/3的土地，果实产量是原来的3倍。沈阳市的一项试验结果表明，与有土栽培相比，立体栽培每平方米可节省90kg水。日本的一项试验表明，由于立体栽培肥料的利用率很高，对于生产同等产量的草莓，循环式的营养液栽培化肥用量是土耕栽培化肥用量的1/3～1/2，也就是说，比露地栽培节省50%～70%的肥料，并且可以防止基质的富营养化。立体栽培还可以实现在无法耕种的土地、屋顶、阳台等空间栽培作物，大大节约土地，提高设施和土地的利用率。在无土栽培中，人工配制的营养液用于满足作物所需的各种营养成分，不仅没有损失，而且保持平衡。

二是改善植株发育、避免土壤连作障碍。草莓生长对水肥的要求较高，采用立体无土栽培，可按要求选配基质和营养液，不受土壤条件的制约，同时，根据草莓生长各阶段对水肥的需求，调节营养液浓度，保持草莓生长发育的最佳状态。设施栽培中，土壤极少受自然雨水的淋溶，水分、养分都是从下往上运输，应用无土栽培后，尤其是水培，使得此问题得到了解决。土传病害也是设施栽培中常遇到的问题，土壤消毒难度大，耗能多，成本高，不彻底。药剂消毒成效低、有残留、污染环境。无土栽培从根本上解决了土传病害的问题。

三是品质好，病虫害少，减少农药使用量。土壤是病虫害传播的媒介，露地栽培时，极易发生病虫为害，使用农药后，病虫对农药的抗性增加，导致病虫害越来越严重。农药使用量的增加导致生产的草莓果实中的农药残留超标。由于立体栽培不使用土壤，并且可以人为控制环境条件，因此减少了害虫的数量和来源，减少了农药的使用量，可以达到绿色食品的要求。一般立体栽培可减少50%以上的农药，所生产的水果外观好，质量好，经济效益高。

四是便于管理，适合观光采摘。立体栽培草莓易于管理和采摘，降低了劳动强度。观赏性较强，成为设施园艺的亮点，观光采摘深受人们的喜爱，同时也为农户带来了丰厚的收益。

五是一次性投入较高。立体栽培通常在温室和大棚中进行，还需要专用的基质、营养液、栽培槽、循环供液设备等，必须有贮液池（罐）、营养液循环的管道、抽水泵、电导仪等。购买和安装这些设施和设备需要一定的资金。因此，进行草莓的立体栽培或无土栽培，一次性投入高。

六是技术要求严格。立体栽培采用的是养分缓冲性极低的水或特殊材料作为基质，因此在管理根系和与根系相关的问题就成了立体栽培的关键，如营养液的配制，供应的量和次数，营养液的温度和空气含量，根系周围的盐浓度、温度和湿度、氧含量，设施内的温度、湿度、光照和二氧化碳浓度必须严格按照标准操作，否则将无法达到预期的效果。因此，必须按照技术规范进行立体栽培，以达到高质量、高产量和高效益的目的（图4-15）。

图4-15　草莓立体栽培

一、立体栽培的类型

（一）柱式栽培

柱式栽培是采用塑料栽培钵，用立柱串连起来的栽培模式，营养液从上端依次渗入下端，营养液可以回收循环利用（图4-16）。栽培钵通常是由PVC材料制成的中空的四瓣或六瓣结构，并且栽培钵交错叠放在立柱上。由于栽培柱的南侧可以吸收直射光，而北侧只有散射光，因此光照的差异导致草莓植物生长不一致，因此，要将栽培柱每3～4天旋转一次，这有利于草莓生长整齐，开花结果一致。与传统栽培模式相比，柱状立体式栽培模式提高了土地利用率。在栽培柱中，幼苗的根部相对集中，浇水施肥时相当于直接作用于根部，肥料流失少、见效快，提高了肥料利用率。同时，栽培柱之间没有接触，避免了病虫害的传播。使用柱状培养模式的最大缺点是浇水较费工费时，春天每3～4天浇水一次，夏天每天浇水一次。

图4-16　柱式栽培

（二）A型支架栽培

A型支架采用C形钢骨架，配有滴灌、废液排放和基质加温等装置，框架结构稳定，使用寿命长。这种栽培模式可以充分利用光能，改善作业环境，增加单位种植密度，日常管理方便，劳动强度降低（图4-17）。

可调整支架式栽培包括立柱、可调支架、固定培养槽、移动式培养槽等，并配备有滴灌和废液排放等装置。支架间的角度可以调节使其互不遮光，营造良好的光温环境。这种栽培模式可以充分的利用空间，提高单位面积产量和经济效益。

（三）悬吊式栽培

悬吊式栽培的栽培槽材料可以是PVC管或硬质和轻质金属材料。如果使用PVC管，直径为40cm，可以纵向切割，得到2个栽培槽。如果使用金属材料，则需要制作宽度为40cm、深度为20cm的凹槽，然后用钢丝绳将其提起（图4-18）。在日光温室种植时，应采用东西延长、南北阶梯式。若预算充足，可添加高度调节设备。栽培时，将栽培袋或基质放入栽培槽中，营养液循环灌溉系统由蓄水池、潜水泵、主管、支管、回水管、滴箭和定时器组成。营养液在蓄水池中配制，通过滴箭向每株草莓供应，可循环使用，达到节水节肥的效果。

图4-17　A型支架栽培

图4-18　悬吊式栽培

二、无土栽培的类型

（一）水培

水培是让植物根系直接与营养液接触来吸收营养，根系通气是通过向营养液中直接加氧来解决（图4-19）。生产中常用的水培方法包括营养液膜技术（NFT）和浮板毛管水培技术（FCH）。

图4-19　草莓水培装置

NFT方法的原理是使很薄的营养液层（0.5～1cm），不断循环流经作物根系，持续供给植物水和养分，同时向根部供应新鲜氧气。NFT栽培方法大大简化了灌溉技术，不必每天计算作物需水量和营养元素平衡供应问题。

FCH方法由浙江省农业科学院和南京农业大学共同开发。这种方法是将浮板放置在具有营养液的栽培床中，草莓的一部分根延伸到液面的一条铺有湿毡的泡沫浮板上，在湿气中生长的根吸收氧气，另一部分深入到培养液中吸收水分和肥料。这种形式的培养方法协调液体供应和氧气供应之间的关系，并稳定植物的根际环境条件，根际氧气供应充足，液体温度稳定，无需担心中途断电和停水。

（二）喷雾栽培

将营养液压缩成气雾状并直接喷洒到植物的根部，并将根悬浮在容器的空间内。栽培容器通常使用的是具有一定距离的孔的聚丙烯泡沫塑料板，在孔中栽培植株。两块泡沫板斜搭成三角形以形成空间，供液管道在三角形空间内通过，向悬垂下来的根系上喷雾。通常每2～3分钟喷雾几秒钟，营养液循环利用，保证作物根系有充足的氧气。这种方法的缺点是设备成本高，耗电量大，不能没有电，没有缓冲的余地，目前仅限于科研应用，没有大规模生产。

（三）基质栽培

基质培养普遍应用于生产实践中，用基质固定植物根系，根系通过基质吸收营养液和氧气。栽培方法包括有机基质和无机基质两种，前者包括草炭、树皮、锯末、刨花、稻壳、炉渣等。后者包括颗粒基质，如蛭石、珍珠岩、沙子、砾石、陶粒、炉渣等；泡沫基质如聚乙烯、聚丙烯或脲醛；纤维基质如岩棉等。

第五章 草莓病虫草害防控

据2005年颁布的有机产品国家标准（GB/T 19630.1）中规定，作物病虫害和草害防控的基本原则包括：从病虫草害生态系统的角度出发，全面运用各种预防措施，创造出对病虫害滋生不利和各种天敌繁衍有利的环境条件；通过采取农业措施，维持农业生态系统的稳定性和生物多样性，从而减少各种病虫害造成的损害；采用抗病育种、抗虫育种，加强田间栽培管理，清洁园地，秋季深翻土壤，利用棉隆和太阳能消毒土壤（图5-1、图5-2）等措施，以防止病虫害。

图5-1　太阳能消毒土壤

图5-2　棉隆消毒土壤

第一节　草莓病害防控

常见的草莓病害有20多种，包括白粉病、黄萎病、蛇眼病、灰霉病、芽枯病、炭疽病和病毒病。随着我国草莓产业的快速发展、栽培设施的兴起、多年的连续种植和频繁的引种，病虫害的种类越来越多，损害也越来越严重。

一、草莓白粉病

（一）为害症状

在草莓的生长期内可能发生草莓白粉病，主要是对草莓的叶、叶柄、花、花梗和果实造成伤害。在开始发病时，叶片的背面和茎表面都产生外观白色的圆形星状小粉斑（图5-3）。当病情逐渐加重时，病斑会逐渐扩大，并向边缘扩展成不明显的白色粉状物，叶上布满白粉状，叶子边缘同时向上弯曲变形，最后叶子变成勺状。当花蕾、花、花托染病时，草莓花瓣呈现粉红色或浅粉红色，不能绽放花蕾，花托不能发育。幼果染病时，病部发红，不正常膨大，停止发育，在发病后期果实的表面明显浮现一层白粉（图5-4），严重的会影响浆果品质和商品价值。

图5-3　草莓白粉病发病初期

图5-4　草莓白粉病发病后期

（二）发病规律

北方的病菌主要以闭囊壳、菌丝体等形态随病残体留在地上或生长在活着的草莓植株老叶上越冬。南方的病菌多以菌丝或分生孢子等形态在寄主上越冬。病原菌依靠草莓苗和风进行传播，侵染和传播的适宜温度为15～25℃，低于5℃或高于35℃发病的概率很小。白粉病是草莓生产中常见的病害，在草莓生长的各个阶段均有可能发生，该病的发病盛期是在10月下旬至12月中旬和第二年2月下旬到5月上旬。

（三）防控措施

1. 农业防控

选择抗病品种，可以选择甜查理、达赛莱克特和石莓5号等。在栽植前后清理园地；在草莓生长过程中及时清除病叶和病果，然后集中销毁；牢记多施有机肥，合理追肥；合理密植，保持良好的通风和透光性；在雨后应及时排水，培育健壮植株；大棚和温室内要适当放风，控制棚内温湿度，晴天加强通风换气，阴天适当开棚降湿。

2. 药剂防控

采用硫黄熏蒸的方法可有效预防保护地白粉病的发生（图5-5）。在10月下旬左右就要进行预防，每667m^{2}大棚可使用99.5%的硫黄粉15～20g，每天需熏蒸2小时，一周两次，连续两周即可，可以起到较好的预防效果。在白粉病发病期间每天

图5-5 硫黄熏蒸预防草莓白粉病

用硫黄熏蒸8小时，不间断7～10次，之后恢复到预防期的使用方法即可。初期观察到发病中心时，可将病叶剪掉烧毁，随之在发病中心及其周围着重喷25%三唑酮可湿性粉剂3 000倍液，或30%氟菌唑可湿性粉剂2 000倍液予以防治。切记开花后不要喷药，选用45%百菌清烟剂熏治，剂量约为250g/667m^2。

二、草莓灰霉病

（一）为害症状

草莓灰霉病是草莓生产中的重要病害。草莓灰霉病经常导致果实腐烂，一般减产1～3成，严重时达到5成以上，对草莓品质和产量影响很大。灰霉病会对草莓花、叶、叶柄和果实造成伤害。为害大多始于开花期，病菌会从萎蔫的花或生长衰弱的部位侵染，花染病后呈浅褐色坏死腐烂状，并浮现灰色霉层。染病叶片大多在叶缘处腐烂，病斑多为黄褐色，呈“V”形，表面覆盖着灰色霉层（图5-6）。果实染病大多从残留的花瓣或与地面接触的部位开始，在发病的早期出现水渍状灰褐色坏死，颜色逐渐变深，果实腐烂，在表面布满灰色霉层（图5-7）。

图5-6　草莓灰霉病发病叶片

图5-7　草莓灰霉病发病果实

（二）发病规律

病原菌大多在受害的植物组织中越冬，当温度在20℃左右时，如果种植密度过大，氮肥过多，阴雨天或过度浇水都会导致灰霉病的暴发。温室生产当中，其发病期主要为3—4月，灰霉病菌是一种弱寄生菌，大多都是从伤口或枯死部位侵入。露地草莓通常在开花期多雨时发病较严重，而在干旱少雨时发病较轻；设施草莓在大量施肥、密度高时，下部叶片不及时去除而枝叶茂盛、株行距小，发病快且严重。

（三）防控措施

1. 农业防控

主要选用抗病品种，品种间的抗病性差异很大，欧洲和美国等大多数硬果型品种抗病性较强，软果型品种容易感病；注意少施氮肥，防止茎叶过于茂盛，合理密植，加强通风和透光，注意及时清理病叶和病果，并将其带出园外；选择地势高和有良好通风条件的地块栽植草莓。在保护地栽培时要深沟高畦，覆盖地膜，膜下滴灌，及时通风和透光，从而减少棚内空气湿度，减少病害的发生。

2. 药剂防控

草莓开花之前，这是用药的最佳时期。当发病严重时，每10天喷1次，直到盛果期。还可以喷洒50%腐霉利可湿性粉剂800倍液，或在开花前喷65%代森锌可湿性粉剂800倍液。浙江省慈溪市农业农村局采用1%武夷菌素水剂50倍液防治灰霉病，取得了良好效果。日本用多抗霉素、抑菌灵和克菌丹来防治灰霉病。

三、草莓炭疽病

（一）为害症状

炭疽病大多发生在苗期、匍匐茎抽生期和定植早期阶段，在结果期发生的概率较低。近年来，炭疽病的发生也有所增加，尤其是在连作地块，加上高温高湿的天气，炭疽病将成为草莓育苗田中毁灭性的病害，严重阻碍了优质壮苗的培育。炭疽病主要为害的是草莓匍匐茎、叶柄和叶片，以及托叶、花瓣、花萼和果实。染病后，草莓整株萎蔫枯死。叶片染病的症状呈圆形或不规则形状，直径0.5～1.5mm，偶尔有3mm大小的病斑，通常是黑色，有时是浅灰色，类似于墨渍（图5-8）。发病初期1～2片心叶失水，然后整株逐渐死亡。

在叶柄和匍匐茎染病后，发病初期表现略微凹陷且较小，中间是棕褐色，边缘是紫红色纺锤形病斑，严重时发展到所有的叶柄和整条匍匐茎，导致匍匐茎顶部枯死。潮湿的环境下，病斑上出现鲜红色的分生孢子块，根茎染病的最初症状是午后萎蔫现象，到傍晚时恢复。如果环境条件有利于侵染，这种变化的过程将持续几天，直到根被侵染，导致整株植物死亡。

把枯死或萎蔫植株的根纵向切开，可以观察到红褐色的腐烂或条纹。炭疽病侵染果实的病斑呈圆形，淡褐色至深棕色，然后呈现软腐状和凹陷，果实表面的黄色黏稠物是分生孢子，被侵染的果实最终会变成僵果（图5-9）。

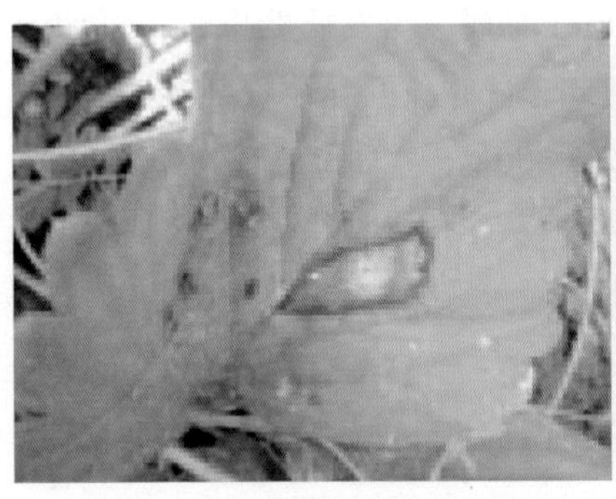

图5-8　草莓炭疽病染病叶片

图5-9　草莓炭疽病染病果实

（二）发病规律

炭疽病病菌主要在植株或组织残体中越冬，植株幼嫩部位侵染发病是在近地面现蕾期。作为典型的高温型病菌，草莓炭疽病菌在30℃时发病最严重。孢子依赖风雨及流水传播。在连作或植株郁闭时发病严重。不同的草莓品种对炭疽病的抗性不同，红颜、章姬等容易感病，甜查理等较抗病。

（三）防控措施

1. 农业防控

选择抗病品种，不同品种的抗病性差异较大，各地应根据实际情况选用优质、高产、抗病品种，如“石莓7号”“达赛莱克特”“甜查理”等；避免在育苗地重茬种植，并且及时进行土壤消毒；栽植密度适宜，不宜过密；注重合理施肥，氮肥不宜过量，有机肥和磷钾肥应结合使用，以增强植物的抗病能力；切记园内湿度不宜太大，对易感品种使用避雨育苗，在高温季节使用遮阳网；及时清除病叶、患病的茎和感病残株，然后集中烧掉，以减少病菌的传播。

2. 药剂防控

炭疽病的预防主要在苗期。也可以用25%嘧菌酯（阿密西达）悬浮剂1 500倍液，或80%代森锰锌可湿性粉剂700倍液，或50%咪鲜胺锰盐750倍液，交替使用，每5～7天喷一次，连喷3次即可。喷施时要保证整株植物都喷到，条件容许时将药随水灌入根茎部位，这会使预防效果达到最好。在田间种植草莓后，用药喷施一次，这样可以防止高温天气导致炭疽病引起的种苗枯萎死亡。

四、草莓黄萎病

（一）为害症状

最先出现的情况是外围叶片和叶柄受到侵染，随即产生黑褐色的小病斑，之后叶缘和叶脉间表现黄褐色萎缩，干燥时枯萎。当新的叶子染病后，变得毫无生气，变成灰绿色或暗褐色下垂，从下部叶子开始逐渐变成青枯状直到植株枯萎。染病植株叶柄果梗处和根茎横切面部分或大都变为褐色。初期发病其根部看不出病症，病株死亡后随之地上部分转变为深褐色腐败。相反，当病株下部的老叶变成黄褐色时，根转变为深褐色腐败。植株可能一侧发病，另一侧表现良好，表现出"半身枯萎"的症状，患病的植株一般不结果实或果实膨大不明显。受害不严重的植株盛夏期会消失，但气温降低后会重现。严重发病大棚，草莓植株长势不整齐，出现缺株甚至成片枯死。收获期植株着果量减少，小果增多。急性症状时，植株不出现心叶黄绿等叶片症状，而是突然发生凋萎，并快速整株枯萎。与草莓枯萎病不同，黄萎病在炎热的夏季不发病，心叶不会变黄。

（二）发病规律

病菌经常在病株上越冬，并且可以长时间在土壤中以厚壁孢子的形式存活，大都可存活6～8年，染菌土壤是病害侵染的重要来源。病菌将从草莓的根部侵入，即在维管束中向上移动以引起植株发病，并且母株导致子株发病是通过匍匐茎传播。病菌通过灌水、耕作传播。如果在多雨的夏天温度为20～25℃，该病会更加严重，在28℃时停止发病。土壤过干或过湿将使病情加重。

（三）防控措施

1. 农业防控

主要选择抗病品种，与葱蒜类轮作可以避免连作重茬。种植前进行土壤消毒，7—8月正值高温时，实行翻耕整地，而后用塑料膜铺盖地面，可以起到增温和消毒的效果，也可以在铺膜前施入氨水或硫酸铵，利用高温使氨气挥发消毒，也可以用棉隆、石灰氮来消

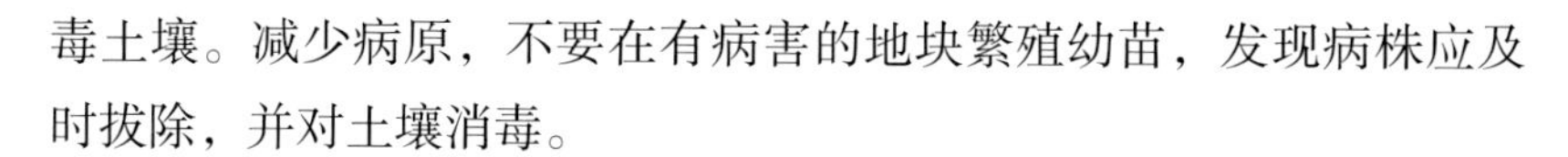

毒土壤。减少病原，不要在有病害的地块繁殖幼苗，发现病株应及时拔除，并对土壤消毒。

2. 药剂防控

通过用50%多菌灵或甲基硫菌灵500倍液浸种1小时对新采购的品种进行灭菌。用无病土育苗，可用50%多菌灵可湿性粉剂，1.6kg/667m^2，选择适量细土拌匀撒施在苗床灭菌。定植时喷洒或浇灌1%申嗪霉素悬浮剂500～800倍液或96%恶霉灵可湿性粉剂2 000倍液。使用80%大生可湿性粉剂400倍液，或70%甲基托布津可湿性粉剂300～400倍液浸泡根部或在种植后灌根；在早期阶段，也可以使用50%多菌灵可湿性粉剂700～800倍液浇灌防控，每穴的药液量为250g。

五、草莓芽枯病

（一）为害症状

草莓芽枯病主要为害花蕾、幼芽、托叶和新叶，成熟叶和果梗也易感病。感病后的花序、幼芽逐渐枯萎，表现灰褐色（图5-10）。托叶和叶柄基部感病后随即产生黑褐色病变，叶正面颜色比叶背面更深，脆且易碎，最终整个植株要么猝倒，要么变褐枯死。茎基部和根受害皮层出现腐败，地上部变干枯容易拔起（图5-11）。被害植株的果实表现出暗褐色不规则形斑块，全果干腐，因此又被叫做草莓干腐病。

（二）发病规律

该病的病原菌由丝核菌组成，腐生性极强，是很多作物的重要根部病害。病原体主要利用菌丝体或菌核随病株残体在土壤中越冬，通过病株传播。该病发生的最适温度是22～25℃，在草莓整个生长期都可能发生；温度低、不间断的阴雨天气下易发病，寒流侵袭或温度过高时发病严重；施肥过多、高湿的栽培条件往往导致病害的发生和传播；栽植过深、密度过大会加剧病害发生的程度。

图5-10　草莓芽枯病受害花序、幼芽

图5-11　草莓芽枯病受害茎基部和根部

（三）防控措施

1. 农业防控

育苗土可以采用1m^3土壤和100g 68%金雷多米尔水分散粒剂加100mL 2.5%适乐时悬浮剂混匀铺在苗床中。当幼苗转移到苗圃时，在地面上用68%金雷多米尔水分散粒剂600倍液封杀地面残菌；使用50%菌毒清可湿性粉剂或50%多菌灵或40%恶霉灵可湿性粉剂，每亩2～3kg，与细土混合均匀，撒在定植沟或定植穴内；为避免重茬，草莓应与禾本科作物轮作；防止病株作为母株使用，不要定植太深，合理密植；如果发现病株应及时清除，应将其烧毁或深埋；增加有机肥用量；在定植后浇一次小水，防止水淹；保护地栽培应注意通风和合理灌溉。

2. 药剂防控

草莓现蕾时，开始喷洒10%立枯灵悬浮剂300倍液，或10%多抗霉素可湿性粉剂500～1 000倍液，或2.5%菌腈（适乐时）悬浮剂1 500倍液，或98%恶霉灵可湿性粉剂1 500倍液喷洒或淋灌植株。每7天喷一次，共喷2～3次。在温室防控中，可以采用百菌清烟雾剂熏蒸的方法，每亩110～180g，分放5～6处，傍晚点燃并封闭棚室，熏蒸过夜，每7天熏1次，连续2～3次。

六、草莓蛇眼病

（一）为害症状

草莓蛇眼病主要为害叶片，使其产生叶斑病，大都出现于老叶上，还可能为害叶柄、果梗、嫩茎、浆果和种子。叶片上病斑早期表现为小的暗红色斑点，然后扩展成近2～5mm的圆形病斑，边缘呈紫红色，中心灰白色至灰褐色，偶尔伴有细轮纹，类似于蛇眼，所以称为蛇眼病或白斑病（图5-12）。当病斑大量发生时，其斑块会变大趋于融合。若病菌侵害浆果上的种子，单个和成片种子都会被侵染，然后果肉变黑色，果实将失去商品价值。当湿度过高时，病斑表面出现白色霉层，是病菌的分生孢子梗和分生孢子。当发病较重时，叶子上布满病斑，叶片焦枯萎蔫。

图5-12　草莓蛇眼病受害叶片

（二）发病规律

病原菌主要在病斑上的菌丝或在病残体上越冬和越夏，作为一种低温高湿病，春季多阴湿天气有利于该病的发生和传播，通常花芽形成期是主要发病高峰期。病菌发生的最适温度为18～22℃，低于7℃或高于23℃发生较缓。春秋季节光照不足，天气阴湿时发病较重。重茬地、管理不当和排水不良地段发病严重。28℃以上，此病发生极少。

（三）防控措施

1. 农业防控

主要选择抗病品种；加强栽培管理措施，定植时及时去除病苗，采收后也应及时清扫田园，摘除病、老、枯死叶片，及时深埋或烧毁；多施用有机肥，不要单独施用速效氮肥；灌水适宜，切忌猛水漫灌。

2. 药剂防控

发病早期喷洒70%代森锰锌可湿性粉剂350倍液，或75%百菌清可湿性粉剂500倍液等喷施，采收前3天停止用药。保护地栽培每亩用5%百菌清粉尘剂喷粉防治，10天喷1次，共2～3次。

七、草莓病毒病

（一）为害症状

草莓上发生的病毒病种类繁多，严重影响了草莓的产量和品质。第一种是草莓斑驳病毒，混合侵染后表现为植株矮化，叶子变小，出现褪绿斑，叶片皱缩和扭曲（图5-13）。第二种是草莓轻型黄边病毒，可直接导致植株矮化，复合侵染后叶片失绿黄化卷曲。第三种是草莓镶边病毒，与其他病毒复合侵染后病株的叶片会皱缩和弯曲，植株矮化。第四种是草莓皱缩病毒，其症状是叶片畸形，有褪绿斑，幼叶生长不良，小叶黄化，植株矮小（图5-14）。第五种是草莓潜隐C病毒，和其他病毒复合侵染后植株矮化，叶片反卷扭曲。

图5-13 草莓斑驳病毒

图5-14 草莓皱缩病毒

（二）发病规律

病毒流行的主要原因之一是苗木带毒，病毒病会随着草莓的无性繁殖逐代积累，表现越来越严重。此外，蚜虫是传播病毒的主要媒介之一。

（三）防控措施

1. 农业防控

注重检疫，使用无病毒苗木种植，可显著提高草莓的产量和品质，要注意1～2年更换1次苗；苗木脱毒，将草莓幼苗在40～42℃处理3周，切取茎尖分生组织培养，得到无毒母株后，分离并繁殖无毒幼苗。研究表明在1/2MS丰香草莓脱毒苗生根培养基中加入0.2～0.6mg/L多效唑后，可促进草莓脱毒苗生根素增加，根明显变得粗壮，其中加入0.4mg/L多效唑的处理效果最佳；选择抗病品种，切忌从重病区或重病田引种；加强田间检查，如果发现病株，将病株移除并烧毁；从苗期开始治蚜防病。

2. 药剂防控

在生长期间必须控制蚜虫数量，并且可以用10%吡虫啉可湿性粉剂5 000倍液喷雾。在温室中，1%吡虫啉烟剂可以很好的防蚜，并降低大棚内湿度。发病初期，喷洒7.5%菌毒·吗啉胍水剂700倍液或0.5%菇类蛋白多糖水剂300倍液，每10～15天喷1次，连续防治2～3次。

八、草莓“V”形褐斑病

（一）为害症状

主要为害叶片和果实。老叶染病时呈现紫褐色病斑，之后扩展成不规则的大斑点，从深绿色变为黄绿色。幼叶的发生主要从叶顶开始，沿中央主脉延伸到叶基部呈“V”形或“U”形（图5-15）。病斑为褐色，边缘为浓褐色，病斑上带有轮纹。在后期阶段，有深褐色斑点，严重时致使全叶枯死，该病与轮斑病相似，需要检视病原来进行区别。

图5-15　草莓“V”形褐斑病感病叶片

（二）发病规律

病原菌主要通过病残体越冬，秋冬季会产生子囊孢子和分生孢子，随风传播，致使草莓发病。在温室、大棚里发病较重，冬季人工加温后病情加重。在早春开花盛期温室内外温差较大，光线差，叶组织相对柔弱易发病。露地栽培由于春季潮湿多雨，特别是大水漫灌，均会加重该病的发生和流行。

（三）防控措施

1. 农业防控

主要栽植抗病品种，如石莓4号、达赛莱克特等；加强栽培管理措施，注意植物间通风透光；切忌偏施速效氮肥；要适度灌水，以确保植株健壮生长；及时清除病、老、枯叶，并应安排集中深埋或焚烧；加强棚室温度和湿度及光照管理，要确保适时、适量通风换气，以防湿气滞留；缩减棚膜和叶面凝结露水，用1%白面水剂喷洒在棚顶上，每隔30天喷施1次，可防止普通膜和老化膜内表面产生水滴。

2. 药剂防控

在发病初期喷洒50%甲基托布津可湿性粉剂600～800倍液，或50%多菌灵可湿性粉剂600倍液，或80%代森锌可湿性粉剂500～600倍液，或25%嘧菌酯（阿米西达）悬浮剂1 500倍液等，每7～10天喷一次，连喷2～3次，农药可交替使用。

九、草莓根腐病

（一）为害症状

草莓根腐病通过土壤传播，是日光温室栽培中广泛发生的一种根部病害。分为草莓全根腐烂病、草莓白根腐病、鞋带冠根腐病、红中柱根腐病、黑根腐病等。该病近年来逐渐增多，严重时能使整个草莓园区毁灭。常见的为草莓红中柱根腐病，它是土壤潮湿地区的主要根部病害。该病分为急性萎蔫型和慢性萎缩型两种类型。大多数急性萎蔫型在春季和夏季发生，并且在种植之后草莓的外观没有异常，到了草莓生长中后期，植株突然枯萎，导致整株植物死亡。慢性萎缩型多在冬季初发病，呈矮化紧缩状，下部叶片边缘呈紫红色或紫褐色，慢慢向上延伸最终导致全株蔫缩枯死。在发病初期，对根部检视可见根系开始从幼根前部或中部变成黑褐色腐烂（图5-16），纵向切开根部，可以看见腐烂的根尖上部变红，最后变色可以延伸到根茎；横切根茎，发现根茎中部变成红棕色，当植物病害较重时，把根茎部横切和纵切，观察到木质部和根部坏死，根干枯，地上部叶片变黄，整株枯萎（图5-17）。

图5-16　草莓根腐病发病初期

图5-17　草莓根腐病发病后期

（二）发病规律

低温利于发病，土壤温度低、湿度高易发病，地温6～10℃最适宜发病，高于25℃很少发病；大水漫灌，排水不良，土壤中有机质缺乏，氮肥施用过量，种植过密等因素将加剧病情。

（三）防控措施

1. 农业防控

建议进行轮作，草莓田应施行4年以上的轮作，以减少土壤中病害的传播；选择抗病品种，如“甜查理”“达赛莱克特”等；选择正规途径的种苗，减少种苗带病的机会；有机肥要充分发酵，磷、钾肥要按比例正确使用，以增强植株的抗性；采用起垄栽培，并覆

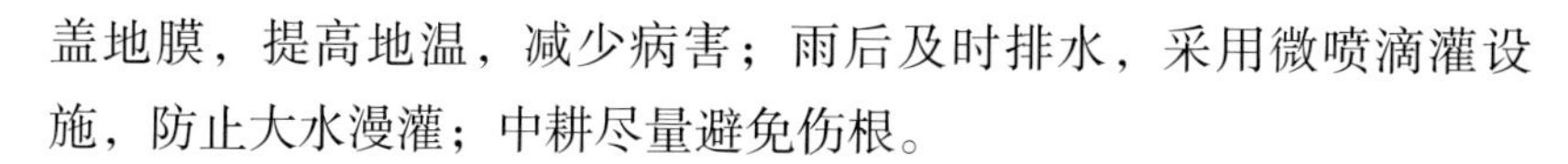

盖地膜，提高地温，减少病害；雨后及时排水，采用微喷滴灌设施，防止大水漫灌；中耕尽量避免伤根。

2. 药剂防控

种植前用2.5%适乐时悬浮剂600倍液浸根处理3～5分钟，晾干后定植；定植后及时拔除病株，并使用50%甲霜灵可湿性粉剂1 000～1 500倍溶液、70%代森锰锌500倍溶液、70%甲基硫菌灵1 000倍液可湿性粉剂喷雾防控，交替使用，每7～10天喷洒1次，连续3～4次，可有效防止草莓红中柱根腐病的发生。或使用72%霜脲锰锌可湿性粉剂800倍液，或25%爱苗乳油3 000倍液，或98%恶霉灵可湿性粉剂2 000倍液进行灌根。

第二节　草莓虫害防控

草莓虫害有40多种，主要包括蚜虫、螨类、金龟子、椿类、蝼蛄、蛴螬、地老虎、金针虫等。

一、地上主要虫害及防控

（一）蚜虫

1. 为害特点

为害草莓的蚜虫主要是棉蚜、桃蚜及根蚜等。蚜虫大多生活在草莓幼叶的叶柄、叶背、嫩心、花序和花蕾中。蚜虫为刺吸式口器，取食时将口器刺入植物组织内吸食，使嫩芽、嫩叶卷缩、扭曲变形，不能正常展叶，造成植株长势弱，严重时停止生长，全株萎蔫枯死（图5-18）。蚜虫分泌的蜜露会污染叶片导致煤污病的发生，蚂蚁觅食蚜虫蜜露，当植株周围蚂蚁较多时，表明蚜虫已经造成为害。蚜虫吸食感染病毒的植株后就可以传播给没感病毒的植株，使病毒扩散，造成严重为害。

2. 发生规律

棉蚜通常在夏至草等植物上越冬，桃蚜卵在桃树腋芽处存活，在温室中成为长久的祸害。冬天过后，蚜虫卵孵化，卵胎生，雌蚜虫产下小蚜虫；当温度适宜时，在一周内完成一代，直到深秋才产生性蚜，并且在交配后产生越冬卵。一方面，蚜虫可以直接为害草莓；另一方面，通过传染病毒间接影响草莓生长，后者的影响远大于其自身的为害。

3. 防控措施

避免连作，实行轮作；清除田间杂草，及时清除受损叶片进行深埋，减少虫源；保护和利用天敌，如七星瓢虫、蚜蝇、草青蛉等。当蚜虫不多，并且有一定数量的天敌时，不要使用杀虫剂，避免伤害天敌；利用成虫趋黄色的特性，在成虫发生期，可挂黄板诱捕成虫（图5-19）。从苗期和定植期使用黄色粘虫板，可有效控制蚜虫，每亩悬挂20块24cm × 30cm黄板，通常黄板的下端高于植株顶部20cm。在草莓开花前喷药1 ~ 2次，使用25%噻虫嗪（阿克泰）水分散粒剂4 000 ~ 6 000倍液，或10%吡虫啉可湿性粉剂1 000 ~ 2 000倍液等，一般在收获前半个月停止用药。

图5-18　草莓植株受蚜虫为害状

图5-19　黄板诱捕蚜虫成虫

（二）螨类

1. 为害特点

图5-20 叶螨为害草莓叶背

为害草莓的螨类主要是二斑叶螨和朱砂叶螨。叶螨常常群集于叶背面吐丝结网，并以口器刺吸草莓茎叶的汁液（图5-20）。为害初期叶正面有大量针尖大小失绿的黄褐色小点，后期转为紫红褐色，叶片从下往上大量失绿卷缩，严重时叶片呈铁锈色，植株如火烧状，矮化。

2. 发生规律

二斑叶螨和朱砂叶螨都以成螨在地面土缝和落叶上越冬。二斑叶螨寄主广泛，繁殖力较强，7月可达7～10天繁殖一代，具有较强的抗药性，朱砂叶螨相对容易控制。

3. 防控措施

及时清除越冬的病老残叶，清理田园，减少叶螨寄生的场所；释放天敌如草蛉等捕杀叶螨；

图5-21 炔螨特药害

当叶螨在田间普遍发生并且天敌不能得到有效控制时，应该使用对天敌具有低致死性的选择性杀螨剂进行普治，注意减少化学农药的用量，避免产生药害（图5-21），防止杀伤叶螨的天敌。在早春，当螨的数量很少且温度很低时，建议选择不受温度影响的卵、螨兼治型持效期较长的杀螨剂，如5%噻螨酮乳油1 500倍液，或20%四螨嗪（螨死净）可湿性粉剂2 000倍液等，这种药具有持久的效果；当螨数量多时，可使用1.8%阿维菌素乳油6 000～8 000倍液，或73%克螨特乳油2 000～3 000倍液等，阿维菌素的速效性好，然而，持效期很短，一般需要在喷药2周后再喷1次。在温室中，草莓现蕾或开花后发现螨类，可用30%虫螨净烟熏剂进行熏蒸防控。

生物防控：可以投放捕食螨，以螨治螨，平均一只捕食螨可以在其一生中捕食300～500只红蜘蛛，同时，它还能吸食有害螨的虫卵，从而有效控制红蜘蛛的为害。

（三）金龟子

1. 为害特点

为害草莓的金龟子种类很多，主要包括苹毛丽金龟（图5-22）、小青花金龟（图5-23）、黑绒金龟（图5-24）等。主要在春季为害幼叶、幼芽和花蕾。

图5-22　苹毛丽金龟

图5-23　小青花金龟

图5-24　黑绒金龟

2. 发生规律

金龟子1年繁殖1代，以成虫在土中越冬。第二年3月中下旬气温上升到10℃以上时，开始出土，雨后为出土高峰。4—6月是为害盛期。黑绒金龟甲取食草莓、苹果、梨、猕猴桃、麦、玉米、豆类、花生、柿等150多种植物。成虫有假死性和趋光性。

3. 防控措施

不施用未腐熟的有机肥；结合秋季施肥进行秋季深翻，人工捕获或用鸡、鸭啄食蛴螬（金龟子幼虫）；或者在晚上19—21时，在果园边点火堆进行诱杀，也可以用黑光灯诱杀。根据试验，如果把黑光灯与日光灯并联，可以大大提高诱虫的效果；保护地可以利用天敌，如土蜂、胡蜂、步行虫、白僵菌、青蛙等；合理灌溉，对计划栽草莓的地块进行秋灌，可有效减少土壤中蛴螬的数量；利用成虫具有较强的趋光性和假死性，可用杨、柳、榆的嫩芽枝条蘸上80%敌百虫100倍液分插草莓田进行诱捕。用黑光灯诱捕，在发生为害期，可用50%辛硫磷乳油进行喷雾或灌杀；利用成虫入土习性，可在草莓植株周围施用5%辛硫磷颗粒剂灭杀，或者可以使用1%苦参碱2 000～3 000g拌细土5～10kg，对垄面撒施后翻入土中。

（四）椿类

1. 为害特点

为害草莓的常见蝽类有茶翅蝽（图5-25）、麻皮蝽（图5-26）、苜蓿盲蝽等。蝽类昆虫有臭腺孔，可以分泌臭液并在空气中形成臭气，因此又有“臭大姐”和“放屁虫”等俗名。蝽类多以刺吸式口器吮吸草莓叶、叶柄、花蕾、花和果实汁液，导致

图5-25　茶翅蝽

图5-26　麻皮蝽

死蕾和死花，果实生长局部受阻引起畸形果或腐烂。

2. 发生规律

椿类1年繁殖1代。以成虫在空旷的房屋、门窗缝隙、墙壁接缝、干草堆、枯枝落叶等地方越冬。在北部，一般在翌年5月开始活动。6月产卵，卵多产在叶子背面，每20余粒排成一卵块。卵期通常为4～5天。若虫在7月初开始活动，8月中旬为为害盛期。成虫多在中午气温较高、阳光充足时活动，清晨及夜间多静伏，9月下旬开始越冬。

3. 防控措施

在成虫越冬期进行人工捕捉；及时清理落叶和杂草，并集中烧掉，以消灭越冬成虫；进行田间管理的同时，清除孵化的卵块并且捕杀初孵群集若虫，注意在其他为害较重的寄主上同时防治；在越冬成虫出蛰结束和低龄若虫阶段喷洒80%敌百虫可溶性粉剂或50%辛硫磷乳油1 000倍液，可以更好地控制为害。

（五）蓟马

1. 为害特点

蓟马以吸食植株汁液为生，成虫体长1mm，淡黄色至橙黄色，头近方形，四翅狭长，周缘具长毛（图5-27）。卵长椭圆形，约0.2mm，黄白色。新孵出的若虫非常细，体白色；1～2龄若虫没有翅芽，体色变黄；3龄若虫有翅芽（预蛹）；4龄若虫体金黄色（伪蛹），不取食。受害后的嫩叶叶片变薄，叶脉两侧出现灰白色或灰褐色条斑，变形、卷曲，生长缓慢。在严重的情况下，顶叶不能展开，整个叶子变黑，变

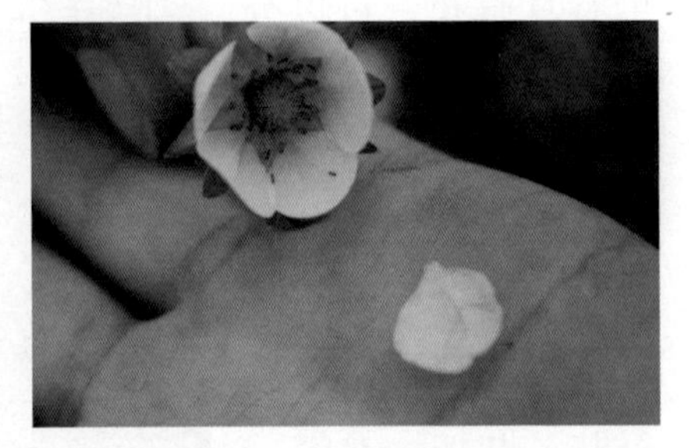

图5-27　花中的蓟马

脆，植株矮小，发育不良，或成“无心苗”，直至死亡。幼果弯曲凹陷，畸形，果实膨大受阻，受害部位发育不良，种子密集，果实僵硬，严重影响果实的商品性。目前，蓟马的为害已经从长江流域蔓延到黄河流域，要加大防治力度。

2. 发生规律

在保护地内每年有3个为害高峰期，分别是3月、5月下旬至6月中旬、9—10月，特别是春、秋两季发生普遍，为害严重。蓟马成虫活跃、擅长飞行、害怕光，白天多在叶背腋芽处，阴天和夜间出来活动，常常取食心叶和幼果，少数在叶背面为害。雌性成虫主要进行孤雌生殖，偶尔有两性生殖，卵散产，每只雌虫产卵60～100枚，卵期为3～12天，而若虫期3～11天，若虫怕光，到3龄末期停止取食，坠落在表土化蛹，蛹期3～12天，成虫寿命20～50天。

3. 防控措施

在早春期间，要注意及时清除杂草、枯枝等，并集中进行处理，以减少虫源；使用营养钵育苗也很重要；在夏季，结合土壤消毒进行高温闷棚，将土壤温度升高到45℃以上，保持40天左右，杀死虫卵，减少虫源数量；利用蓟马趋蓝色的习性，在距离地面30cm的高度每隔10～15m悬挂一块蓝色粘板，以诱杀成虫；在成虫盛发期或每株上若虫达到3～5头时，可以使用60g/L乙基多杀菌素悬浮剂1 000倍液，或1.5%苦参碱可溶液1 000～1 500倍液等；或用3%啶虫脒乳油1 000倍液喷雾防控。因为蓟马常在夜间活动，所以下午用药更合适，还可以使用杀虫烟熏剂来预防和控制蓟马。

（六）蛞蝓

1. 为害特点

蛞蝓主要包括野蛞蝓（图5-28）、黄蛞蝓（图5-29）和网纹蛞蝓（图5-30），其均为陆生性软体动物，长的像没有壳的蜗牛，喜爱阴暗潮湿多腐殖质的环境，例如农田、温室、菜窖、草丛和住室周围的下水道。在保护地草莓的栽培过程中，由于适宜的温度和湿度有利于蛞蝓生存和大量繁殖。它们通常在白天潜伏，晚上出来咬食幼芽、嫩叶、花蕾、花梗和果实。咬食完果实以后，常常在果实上留下孔洞，影响草莓的商品价值（图5-31）。蛞蝓可以分泌一种黏液，干后呈银白色，所以被蛞蝓爬过的果实，即使没有被咬食，由于黏液残留在果实表面上，草莓的商品价值将大大降低。

图5-28　野蛞蝓

图5-29　黄蛞蝓

图5-30　网纹蛞蝓

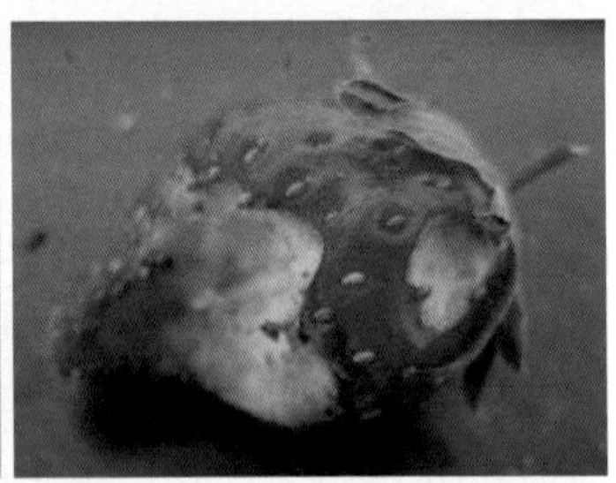

图5-31　蛞蝓为害草莓果实

2. 发生规律

蛞蝓在冬春季节棚内气候较适宜的时候，经常进行为害。蛞蝓害怕光，在强光下2～3小时就会死亡，所以蛞蝓都在夜间活动，在清晨之前潜入土壤。当食物缺乏或者不良条件下它们可以不吃不动。黑暗和潮湿的环境最有利于发生，温度为11.5～18.5℃、土壤含水量为20%～30%的环境最有利于其生长发育。

3. 防控措施

及时清除田间杂草、石块和杂物等，减少适宜蛞蝓栖息的场所；排干积水，耕翻晒地，以减少土壤湿度；经常除草和松土，使卵块暴露在阳光下晒裂或被天敌啄食；在阴天、雨后、清晨、晚间爬出来活动时进行人工捕捉；可以在傍晚堆草或者撒菜叶作为诱饵进行诱杀，第二天早晨揭开草堆或者菜叶进行捕杀；可以在蛞蝓身上撒上盐或白糖，几分钟后会因大量脱水而死亡；苗床或者草莓行间可以在傍晚撒上一些石灰或者在为害区域的地面上撒上草木灰，以阻止蛞蝓到畦面上为害草莓叶片，这样，当蛞蝓爬过粘有石灰或者草木灰的土壤时，就会因失水而死亡；或每公顷使用105～150kg油茶饼，用50kg水泡开，取滤液喷洒，即可有效防治；还可用40%蛞蝓敌浓水剂100倍液，或者10%硫特普加与等量的50%辛硫磷对成500倍液使用，或者使用6%密达颗粒剂进行防控（图5-32、图5-33）。

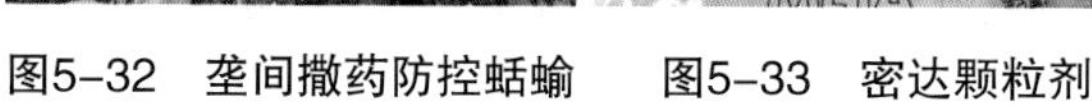
图5-32　垄间撒药防控蛞蝓　　图5-33　密达颗粒剂

二、地下主要虫害及防控

（一）蝼蛄

1. 为害特点

蝼蛄是为害草莓的主要地下害虫之一，包括非洲蝼蛄和华北蝼蛄。蝼蛄食性复杂，成虫（图5-34）、若虫（图5-35）常常咬断草莓幼根和嫩茎，导致缺苗死秧，咬断的部分呈现乱麻状。由于蝼蛄的活动使表土层窜成许多隧道，导致苗根脱离土壤，幼苗因失水而干枯死亡（图5-36）。温室栽植时，由于高温，蝼蛄活动的早，幼苗较集中，所以损害更严重。

图5-34　蝼蛄成虫

图5-35　蝼蛄若虫

图5-36　蝼蛄为害草莓植株

2. 发生规律

蝼蛄的成虫或若虫常在冻土层以上越冬，翌年3月下旬到4月上旬向上移动，到4月中旬将进入表土层并窜成许多隧道，开始为害草莓植株。5—6月是为害的高峰期，6月下旬至8月上旬是越夏产卵期，9月上旬后，大量的若虫和新羽化的成虫将从14cm的地下土层上升到地表活动，形成秋季为害高峰。

3. 防控措施

施用完全腐熟的粪肥以减少产卵，从而减轻为害；在蝼蛄的发生期，在田间堆放新鲜的马粪堆，并在其中加入少量农药，可以招引蝼蛄将其杀死；当为害严重时，可以使用电灯或黑光灯诱杀成虫，以减少田间虫口密度；可以用联苯菊酯、百树菊酯、功夫菊酯等菊酯类农药加呋虫胺防治草莓田蝼蛄，或使用25%的地虫灵微胶囊悬浮剂拌上毒土，其中药：水：土的比例为1：15：150，每亩施用15kg，在蝼蛄成虫盛发期顺垄撒施即可。

（二）蛴螬

1. 为害特点

蛴螬是金龟子的幼虫，通常被称为地蚕，成虫被称为金龟甲或金龟子（图5-37）。其中，为害草莓的有暗黑鳃金龟、华北大黑鳃金龟等多种金龟甲的幼虫。金龟子的成虫和幼虫都可以为害草莓，成虫主要为害草莓的叶子，通常发生较轻，而幼虫（蛴螬）常常在地下取食根茎，为害较轻时损伤根系，当为害严重时导致植株枯死（图5-38）。

2. 发生规律

通常金龟子完成1个世代所需要的时间会因为种类和地区的不同而有差异，蛴螬一般在1～2年繁殖1代。幼虫和成虫经常在土壤中越冬，成虫即为金龟子，白天隐藏在土壤中，晚上20—21时开始取食活动。蛴螬有假死性和负趋光性，趋向于未腐熟的粪肥。成虫在交配后10～15天开始产卵，一般产在松软且湿润的土壤中，以浇水地最多，一个雌虫可以产卵100粒左右。幼虫始终在地下活动，这与土壤温湿度关系密切。当10cm土层土温达到5℃时开始上升到土表，13～18℃时幼虫蛴螬活动最盛，当温度达到23℃以上时，开始进入深土层，当土壤温度下降到适合其活动时，会移到土壤的上层。因此蛴螬主要在春季和秋季为害严重。当土壤潮湿时活动会增强，特别是在连续的雨天。在春季和秋季它们通常在表土中活跃，而在夏季，它们主要在早晨或晚上到达表土层活动。施用未腐熟的有机肥的土地，或前茬种植马铃薯和花生的土地发生较重。

图5-37　蛴螬幼虫

图5-38　蛴螬取食草莓根茎

3. 防控措施

不要选择马铃薯、花生、甘薯、韭菜等前茬地块栽培草莓，这些地块蛴螬为害比较严重；对于明年打算栽培草莓的地块，有必要结合秋施肥和秋深翻，对于翻出的蛴螬，人工捡拾；不施用未充分腐熟的有机肥；实行秋灌也可以有效地减少蛴螬的发生；设置黑光灯来诱杀成虫；利用金龟斯氏线虫、钩土蜂等进行生物防控；或使用5%辛硫磷颗粒剂，每亩施用2.5～3.0kg，拌入25.0～30.0kg的细土制成毒土，沿垄撒施，浅锄并覆土，这对蛴螬、金针虫和蝼蛄等地下害虫均有较好的防控效果；用97%敌百虫可溶性粉剂1 000倍液灌根，毒杀幼虫。

（三）地老虎

1. 为害特点

中国常见的有小地老虎、黄地老虎和大地老虎，其中小地老虎和黄地老虎的分布最为常见。主要以幼虫为害草莓近地面茎顶端的嫩心、幼叶以及幼嫩花序以及成熟浆果。受损的叶子呈半透明的白斑或小孔状（图5-39）。3龄后幼虫白天常常潜伏在表土中，傍晚和夜间出来活动，常常咬断根状茎，导致整株草莓萎蔫死亡，或蛀蚀叶子和果实，将果实食空（图5-40）。早上扒开被害植株附近的土壤就可以找到幼虫。

图5-39 地老虎为害草莓叶片

图5-40 地老虎为害草莓果实

2. 发生规律

由于种类和地域的差异，小地老虎发生的代数和越冬虫态也不同。随纬度和海拔高度的不同，小地老虎每年在全国各地发生近2～7代。从10月至翌年4月都有可能发生为害，其中第一代幼虫对草莓生产的为害最大。南方越冬成虫出现在2月，全国大部分地区羽化盛期是3月下旬至4月中旬，宁夏和内蒙古4月下旬。成虫一般在下午15—22时羽化，白天潜伏在杂物和缝隙中，黄昏后飞行和觅食，3～4天后交配和产卵。大多数卵散产在低杂草上，一小部分产在枯叶和土壤接缝中，每个雌虫可产卵约800～1 000粒，多者达到2 000粒；卵期约为5天，幼虫6龄，个别为7～8龄。幼虫老熟后在深度约5cm的土室中化蛹，蛹期为9～19天。成虫的活动习性与温度有关，高温不利于小地老虎的发育和繁殖，因此夏季发生数量较少；冬季温度过低，小地老虎幼虫的死亡率也增高。地老虎对普通灯光趋性不强，但对黑光灯非常敏感，具有强烈的趋性。地老虎喜爱酸味、甜味、酒味和泡桐叶，一般地势低湿、雨量充足的地方发生为害较多；知更鸟、蟾蜍、步行虫和细菌、真菌等都是地老虎的天敌。

3. 防控措施

秋耕冬灌，种植前充分翻地和整地；地老虎经常在杂草中产卵，这也成了幼虫向作物传递为害的桥梁，因此要在定植前进行精耕细作，或者在初龄幼虫期消灭杂草，这样的话，可以消除部分虫卵；用糖、醋、酒进行诱杀；使用甘薯、胡萝卜等发酵液来诱杀成虫；使用泡桐叶或莴苣叶诱捕其幼虫并在清晨进行田间捕捉。如果在田地里发现断苗，拨开附近的土块，就能找见高龄幼虫，然后进行捕杀；3龄前的幼虫采用喷雾、喷粉或撒毒土来防控，喷雾防控每公顷可以选择施用2.5%溴氰菊酯乳油，或者90%晶体敌百虫750g，对水750L进行喷雾；3龄以后，田间出现断苗情况，可以用毒土、毒饵或者毒草进行诱杀，毒土可以选用2.5%溴氰菊酯乳油90～100mL，或50%辛硫磷乳油，加入适量水，然后拌细土50kg配成毒土，每公顷施300～375kg，顺垄撒施在幼苗根际旁边；毒饵诱杀可以选择90%敌百虫0.5kg或50%辛硫磷乳油500mL，对水

2.5～5L，均匀喷在50kg碾碎并炒香的棉籽饼、豆饼或麦麸上，晚上在垄间每隔一定距离撒上一小堆，或均匀的撒施在草莓的根际周围，每公顷约75kg，可有效防控。

（四）金针虫

1. 为害特点

为害草莓的金针虫主要包括沟金针虫和细胸金针虫。在草莓的生长期，金针虫会先潜伏在草莓穴的有机肥中，然后钻入草莓苗的根部或者根茎部近地表蛀食草莓，从而使草莓植株地上部逐渐萎蔫衰亡。一般受害的植株主根很少被咬断，被害的部位不整齐，呈丝状，这就是金针虫为害草莓植株后造成的显著特征之一。在果实成熟期，金针虫还会蛀入果实造成深洞伤口，这样有利于病原菌的侵入，引起草莓腐烂（图5-41）。

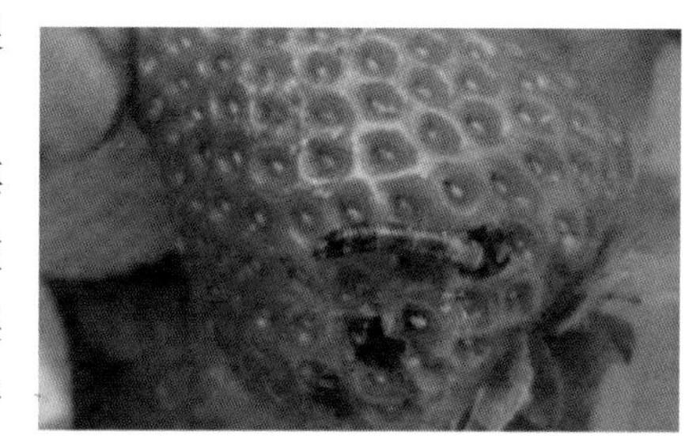

图5-41　金针虫为害草莓果实

2. 发生规律

沟金针虫喜欢生活在土壤中，3年繁殖1代，前两年都以幼虫越冬，第3年以成虫越冬。幼虫的发生不整齐，会受土壤水分、食料等一些因素的限制，所以每年的成虫羽化率都不尽相同，但世代重叠现象严重。老熟的幼虫从8月上旬到9月上旬先后化蛹，化蛹的深度以13～20cm土中最多，蛹期16～20天，成虫在9月上中旬羽化。越冬的成虫在2月下旬开始出土活动，3月中旬到4月中旬是发生盛期。成虫白天会躲在土表、杂草或者土块下面，傍晚爬出土面活动，并在此时进行交配。雌虫行动较慢，无法飞行，具有假死性，没有趋光性；雄虫出土较迅速，活跃，飞翔能力强，但也只能进行短距离的飞翔，黎明前成虫会潜回土中，雄虫具有趋光性。成虫会把卵产在土下3～7cm深处，卵散产，产卵量可达到200粒，卵期约为35天，与雌虫交配后3～5天即死亡；雌虫产卵后即死去，成虫寿命大约为220天，成虫一般在4月下旬即开始死亡。卵在5月上旬开始孵化，卵孵化期33～59天，平均为42天。土壤的湿度对金针虫的发生也有很大影响，当7—9月降雨较多时，土壤湿度大，这对其化蛹、羽化很有利，则会发生较重。

3. 防控措施

进行合理的轮作，翻耕和暴晒土壤，以减少越冬虫源；加强田间管理，及时除去田间杂草，减少金针虫的食物来源；或者利用金针虫的趋光性，在金针虫的盛发期，设置一些黑光灯来诱杀，这样田间的卵量也相应的会减少；也可以使用10～15cm的略微枯萎的杂草引诱成虫，使其聚集再诱捕后喷施阿维菌素；还可以用药剂进行土壤处理，用50%辛硫磷乳油75mL拌上2～3kg的细土，均匀撒施在田间，然后浅锄；还可用90%敌百虫800倍液来浇灌植株周围的土壤以进行防控；在定植时，每亩可以用5%辛硫磷颗粒剂1.0～2.0kg拌上细干土100kg均匀撒在定植沟中。

第三节　草莓草害防控

一、杂草的为害

杂草对草莓的干扰作用主要有两种：一种是竞争作用，另外一种是化感作用。竞争意味着杂草可以在草莓生长环境中竞争有限的生长资源，如水、矿物质营养和光照。化感效应是指通过根茎叶向环境中分泌、分解或挥发一些特定的化合物以影响彼此的生长和发育。草莓园中施用的基肥量大，特别是施用的粪肥中带有大量的草籽，并且灌水很频繁，因此杂草生长的很快。草害可以让草莓的产量损失15%以上，另外杂草也是病菌与害虫寄生的场所。

由于草莓植株较低，种植密度较大，匍匐茎到处伸展，所以除草比较困难，畦内除草只能人工拔除，劳动强度极大。如今除草的问题已成为草莓生产上的重要问题，尤其是多年一栽制草莓园，问题就更加严重。

二、杂草的防除措施

由于不同地区的条件不同，除草方式也不同，要因地制宜，综合防控。

（一）人工除草

在露地草莓生产当中，人工拔草必不可少，经常除草有利于保持草莓园清洁（图5-42）。另外，除草和中耕松土保墒需要同时进行。在草莓的年生长周期中，有3个时期应该及时除草。首先，草莓栽植后及时除草保墒，有利于缓苗和植株的健壮生长以及后期的花芽分化；第二是在翌年春季草莓开始生长直到果实成熟前，为了保墒和提升地温进行中耕松土或者施肥灌水后进行浅耕锄地，这对草莓的产量和质量起着关键作用；第三是草莓收获后，温度上升，草莓和杂草进入旺盛的生长期，这时防治杂草尤为重要。

图5-42　人工除草

（二）耕翻土壤

在草莓栽植前，应进行土壤耕翻，多采用机器操作（图5-43），这样可以有效的控制杂草产生。翻耕后，地面上的杂草及种子被太阳光暴晒，而翻入土壤中的杂草因见不到光而烂掉。

图5-43　机器耕翻土壤

（三）覆膜压草

种植草莓时常采用地膜覆盖以达到提高地温、防除杂草的目的，通常采用黑色地膜，露地栽培（图5-44）和温室栽培（图5-45）都有应用。草莓植株要从黑色地膜上破口提苗，植株四周要用土把地膜口盖严，并注意保持膜面干净，无破损。灌水时可以掀起地膜的一侧，或采用滴灌。

图5-44　露地地膜覆盖

图5-45　温室地膜覆盖

（四）轮作换茬

通过与其他作物轮作倒茬等方式也可以有效的防治杂草（图5-46）。通过水旱栽培方式可以改变杂草群落，控制难以防治的杂草产生，同时可以有效减少部分害虫造成的为害。

图5-46　轮作换茬

（五）除草剂除草

除草剂除草不仅高效快速，而且成本低、省力。国外会在草莓园中大量使用除草剂（图5-47）。中国农业科学院果树研究所对草莓园施用除草剂除草的试验，获得了较好的成效。应根据杂草的类型选择合适的除草剂，同时考虑药源、价格、安全性及其对后茬作物和邻近作物的影响等因素。

图5-47　施用除草剂

土壤处理除草剂可以使用48%氟乐灵乳油来控制正在萌发的一年生禾本科和阔叶杂草种子，例如马唐、狗尾草、猪毛菜等杂草。

移栽前后要进行土壤处理，每公顷可以用48%氟乐灵乳油2 200~2 500mL，并对水约750kg均匀喷施土壤，喷后进行混土处理，以防其光解。

茎叶处理除草剂可以有效地预防并除去禾本科的杂草以及阔叶杂草，用药时期为杂草出齐苗以后。防除禾本科杂草的草莓地块可以使用15%精吡氟禾草灵670mL/hm²，或10.8%高效盖草能乳油450mL/hm²，或5%精禾草克乳油750mL/hm²等。喷药应在气温较高、土壤墒情较好的杂草生长旺盛的时期，以达到良好的除草效果。防除阔叶杂草，要根据草莓的不同生长发育时期来选用适宜的除草剂，用量要适当，草莓栽植后至越冬前，可以用24%乳氟禾草灵300mL/hm²对水450kg均匀喷雾，可以有效地防除马齿苋（图5-48、图5-49）、反枝苋、灰绿藜等阔叶杂草。草莓采摘后的田间阔叶杂草可喷洒24%乳氟禾草灵375mL/hm²对水450kg喷雾。当禾本科杂草与阔叶杂草混生时，克阔乐与精吡氟禾草灵不要同时施用，否则将产生药害。

图5-48　使用除草剂前

图5-49　使用除草剂后

第六章 草莓的采收、包装、贮藏及运输

第一节 草莓的采收

一、果实成熟的标志

草莓浆果成熟的本质特征是果实着色。果实表面逐渐从最初的绿色变为白色，最后变成红色，直到变成浓红色，具光泽（图6-1）。最开始着色的是受光的一侧，慢慢的侧面也开始着色，种子逐渐从绿色变为黄色或红色。随着成熟度的提高，果实逐渐软化，散发出清香。成熟时果实的主要成分也随之发生变化，花青素的含量和含糖量都逐渐增加，果实含酸量逐渐降低，维生素C的含量增加，直至完全成熟时达到最大（图6-2）。之后，随着时间的延长而减少。

图6-1 草莓果实着色

图6-2 草莓果实成熟

二、果实采收

果实在收获前应做好准备工作，例如妥善安排市场的销路、联系生产加工厂、准备采收及包装用品、培训采收人员及制定果实的分级标准等。

当草莓开花后约30天时，果实成熟，草莓果实由于级次不同，分批成熟，故采收期能持续3～5个月。采收时期应根据其用途来定。通常鲜食草莓，当果实表面红色着色达到70%以上时就可以采收，当着色达到85%左右时最适宜采收。要做加工的果酒、饮料、果酱和果冻等的草莓要求果实充分成熟了以后才采收，因为完全成熟时草莓糖分高、香味浓、果汁多，便于加工。供制作罐头的草莓，要求果实大小一致，当果实达到八成熟时收获。要进行贮藏或长距离运输的草莓，应在果实完全成熟前1～2天收获。草莓浆果的成熟期是不一致的，每间隔1～2天采收1次，而盛果期要每天采收1次，防止过于成熟造成浪费（图6-3）。

图6-3　采收果实

每次采收时，接近成熟期的果实要立即采收，避免造成腐烂。采收草莓的时间最好在早上露水已干到午间高温之前这段时间，或者傍晚天气逐渐转凉时进行。露水没干时收获的浆果很容易导致腐烂并且不耐贮运。由于草莓浆果皮薄肉嫩，很容易造成果皮损伤，因此采收时要格外注意轻拿轻放。采收时，最好用大拇指和食指将果柄折断，或用剪刀剪断，采下的浆果要带有一部分果柄，并且采收时以不损伤花萼为宜，避免果实腐烂。采摘时不要硬拉硬拽，这样很容易拉下整个果序，影响草莓产量和果实品质。用于采收的容器不宜太深，底部应平整，内壁应光滑，如塑料盒、塑料筐、纸箱（图6-4）等。不合格的果实如畸形果、虫害果等要另外存放。为了提高草莓的食用价值和商业价值并确保果品质量，应对收获的浆果进行分级分类。也可以边采收、边分级，这样在收获后不必更换容器也可减少浆果的破损程度。

目前我国还没有一套统一的草莓分级标准，但在草莓主产区都有制定当地的草莓分级行业标准。草莓果实的分级，通常根据其重量将草莓果实分为4个等级，单果重达20g以上为特级，介于15～20g为一级果，介于10～14.5g为二级果，介于5～9.5g为三级果。若出现5g以下果实则无经济价值，当作无效果处理。

在收获时，要求收获人员做到细致准确，成熟的果实不被漏掉，以免造成不必要的损失。采果的路线要统一固定，最好走畦埂或宽行内，以免踩伤幼果和叶片。

图6-4　草莓采收容器

第二节　草莓的包装

草莓陆续开花结果，成熟期不一致，因此必须分批收获、包装、贮存和运输，并分批上市。投放于市场的新鲜浆果，大部分采用透明塑料盒小包装，可装250～500g（图6–5）。还可以用薄木片做成的四面有孔的木盒，约能装500g果实。盒子里的草莓应整齐排列，不要装太满，上面留出1cm的空隙后加盖，也可以铺一层叶片保鲜，以适当延长草莓的货架期。小包装盒装满后，将其放入较大的塑料箱或纸箱中，按客户需求决定纸箱中草莓的重量（图6–6）。最好将其分成3～5层，在每层之间留出2～3cm的空间，用隔板缓冲，以避免在堆叠箱子时压伤果实。

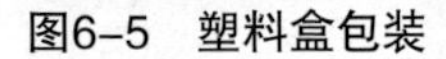

图6–5　塑料盒包装

图6–6　箱式包装

费工的是采收草莓的工作，平均每个工人采收约30kg，在盛果期每个工人采果仅50kg。因此，国外的一些种植场使用草莓收获机采收用于加工的草莓果实。有一些地方，通过顾客自选、观光采摘的方式，这种方式已成为一种重要的家庭休闲选择。

草莓的包装应该标准化并商品化，这也有助于果实贮藏和运输方便，提高商品的核心竞争力，赢得信誉。随着人们生活水平的提高，审美价值的提升，市面上也相继出现了花式草莓包装，包装非常吸引顾客眼球，这也促进了销量，提升了消费档次（图6-7）。

图6-7　花式草莓包装

第三节　草莓的贮藏保鲜

一、低温冷藏

低温冷藏温度在2～5℃，这是草莓保鲜的主要方法。草莓果实最好贮藏在温度为0℃、相对湿度为90%～95%的环境下，这样草莓的营养成分、烂果率以及失重率发生变化的概率很小，使草莓可以保藏至50天左右。还有一种贮藏方式叫速冻贮藏，就是使草莓快速冷冻，然后再保存在-18℃以下的低温中，贮藏期可达到18个月以上，该方法可以达到长期保存草莓果实的目的，且风味和营养物质损耗较小。但这种方法需要建造冷库，要有一定的前期投入，所以应用范围有一定的局限性。

二、气调法贮藏

大量草莓的短期贮存主要通过气体调节来贮存。根据不同的气体调节方法，可分为自然降氧法、快速降氧法、半自然降氧法和硅窗自动调节法。目前，我国多采用塑料薄膜帐储存，就是用厚度为0.2mm的聚乙烯膜做帐，营造一个相对密闭的贮藏环境，加上硅窗控制。草莓浆果进行气调贮藏的适宜气体成分是二氧化碳3%～6%、氧气3%、氮气91%～94%。当二氧化碳浓度达到10%时，果实变软，风味差，并且还带有酒味。气调贮藏法存储时间可达10～15天。

有条件的地区可建造冷库，将气调贮藏与低温冷藏相结合，在库温0～0.5℃、空气相对湿度85%～95%条件下保存，贮藏时间可达60天左右（图6-8）。

图6-8　草莓贮存冷库

三、药物保鲜

（一）酸—糖法保鲜

可以用亚硫酸钠（Na_2SO_3）溶液浸渍草莓后，晾干，并将9份砂糖和1份柠檬组成的混合物放入容器中，将草莓放在其上保存，可以相应的延长草莓的贮藏时间。

（二）SO_2处理法

在储藏草莓的塑料盒中放入1～2袋SO_2慢性释放剂，然后密封塑料盒进行储存。要注意的是，慢性SO_2释放剂应该与草莓果实保持一定的距离，因为该药剂与果实接触，会使其变白、软化，失去食用价值和商品价值，但不会造成霉变。

（三）GA和CO_2保鲜法

有研究表明，ABA和ET是导致草莓衰老和变质的主要内在因素，GA和CO_2对ABA和ET有明显的抑制作用，因而具有保鲜作用。草莓保鲜剂，用于洗果、薄膜包装、CO_2填充等，并在低温下贮藏的技术，贮存时间3～9周，好果率可达80%以上，外观正常。

（四）过氧乙酸熏蒸处理

每立方米库容用0.2g过氧乙酸熏蒸半小时即可。

（五）山梨酸保鲜法

用0.05%的山梨酸浸果2～3分钟。

（六）植酸保持果品品质

植酸又叫肌醇六磷酸钙镁，是一种优良的食品抗氧化剂，它本身效果不明显，所以最好与其他防腐剂配合使用，才能起到一定的保鲜作用。使用时应与山梨酸和过氧乙酸配在一起，浓度为0.1%～0.15%的植酸溶液、0.05%～0.1%的山梨酸和0.1%的过氧乙酸。

第四节　草莓的运输

刚采收的草莓在运输之前要快速预冷，无论是自然冷却还是人工预冷，以减少果实的腐烂，冷却的最终温度保持在0℃左右，须留意堆放包装容器间要留有空隙，使气流可以正常通过，这样在运输的过程中可以最大化保持果实的新鲜度和品质。

运输草莓浆果时，一般使用专门的冷藏车（图6-9）或者带篷的卡车（图6-10）。运输途中，要防止暴晒，车的行驶速度要慢，以避免晃动损伤。一些加工厂还规定运输草莓的汽车在路上适宜时速为5～20km。带篷卡车运输的最佳时间是早上或晚上温度较凉爽时，如果运输距离很长，应提前收获。总之，在草莓的收获和运输中，应注重小包装、少层数、多空隙和少挤压的原则。

当草莓作为加工原料运往加工厂时，采用塑料箱装运，规格为70cm×40cm×10cm，平均每箱装果不超过10kg，约装4～5层，并要求果箱内留有3cm的空间，以免果箱堆叠起来压伤果实。我国草莓的运输方式主要有航空运输、铁路运输和公路运输。空运正常情况下当天就能运往全国各地，而铁路运输的成本最低。

图6-9　冷藏车运输草莓

图6-10　带篷卡车运输草莓

第七章 大数据在草莓生产中的应用

大数据是指无法在一定时间范围内用常规软件工具进行捕捉、管理和处理的数据集合，是需要新处理模式才能具有更强的决策力、洞察发现力和流程优化能力的海量、高增长率和多样化的信息资产。具有海量的数据规模、快速的数据流转、多样的数据类型和价值密度低四大特征。大数据技术的战略意义不在于掌握庞大的数据信息，而在于对这些含有意义的数据进行专业化处理。随着信息技术的飞速发展，大数据技术正在潜移默化的影响着人们的生活。

第一节　物联网监测技术

随着科学技术的进步，温室生产已经不仅局限于挡风遮雨和提高温度，利用新技术、新材料和新能源可以监测和控制温室中的各种环境因素，甚至完全可以摆脱自然环境的束缚，人为的创造出适宜草莓生长的最佳环境。

温室环境智能化控制主要是指在一定空间内，用不同功能传感器探头，准确采集温室内环境因子以及植物生长状况等参数，通过相关软件，根据生长所需的最佳条件，对数据进行统计学分析和智能化处理后形成核心系统，由核心处理器智能系统发出指令，使其有关的系统、装置及设备有规律运作，将温室中的温、光、水、肥和气等因素综合协调到最佳状态，确保一切生产活动科学、规范、有序、持续地进行。

在温室中种植草莓时，物联网设备可以及时采集温室内的气温、空气湿度、二氧化碳浓度、土壤温度、土壤湿度、光照强度等，根据这些信息对草莓的生长环境进行精准调控，各种养分“按需供给”。不仅使草莓产量有了明显提升，同时还节约成本，减少环境污染。设备直接连接到农业大数据发展平台，“农业专家”可以实时监测到温室里的数据信息，并进行总结、分析，最终反馈给果农，从而进行标准化、规范化生产。

物联网设备的使用，大大提高了人力，节省了时间。根据需要，可以自动或半自动控制温室中的卷帘、风机等设备，对温室环境进行智能化、自动化控制，为草莓的生长提供理想和舒适的环境，避免人工误差，而且非常严谨，物联网技术在现代农业中的应用具有重要意义。

第二节　大数据追踪草莓生长溯源

随着农业产业化的发展，相应的也会出现一些问题，比如说农产品流通过程中信息不对称问题、农产品质量安全问题和农产品污染问题等，无时无刻不在影响着消费者的食用安全。为了实现草莓从种植到收获全程的追溯，近年来，不仅在生产环节通过物联网实现了7测、5控、4管，推动了现代农业、设施农业的发展，还在流通环节实现了农产品全程可追溯，而且在消费环节，引入了移动信息服务平台和溯源系统相对接，这对我国农牧业现代化、产业化、信息化具有重要意义和推动作用。

基于物联网技术，可以实现对草莓的生产记录、运输记录、质

检记录等的追溯；监测草莓的生长环境，如土壤、温度、水分等；提前预监测草莓病虫害；记录草莓生产及加工环节信息；实时了解运输车内温度、湿度和行驶位置，最终建立草莓从生产到销售的各个关键环节的溯源系统。

基于物联网技术的智能温室综合管理系统，可以实现草莓从种植阶段、培育阶段、生长阶段、收获阶段等对草莓的生长环境、喷药施肥情况、病虫害状况等实施实时信息自动记录。在存储、运输和销售过程中，使用二维码或RFID射频技术在各个阶段记录数据，通过这种方式，消费者可以在购买草莓时通过终端设备或网络查看草莓的各类溯源信息，从而使消费者放心食用。

第三节　供需平衡，订单农业

2017年中央一号文件明确提出“促进农村电子商务的发展，促进新型农业经营主体、加工流通企业和电商企业的融合，促进线上线下互动发展，加快建立和完善适合农产品电子商务发展的标准体系，支持农业电子商务平台和农村电子商务服务站建设。农业电商具有以下优点：一是市场潜力巨大。借助农业电商平台，可以及时连通生产者、经营者和消费者，从而有效配置农业资源、拓展农产品市场、提高农产品竞争力，进而形成具有中国特色的农业发展模式。二是经济与社会效益巨大。农业电商是“互联网+现代农业”的重要组成部分，是转变农业发展方式的重要手段，是精准扶贫的重要载体，对农产品创新流通和构建现代农业生产管理体系、促进农民的收入快速增长、实现全面建成小康社会具有重要意义。

基于订单的农业电子商务直销流程，通过电子商务门户和移动终端实现农民与市民之间的订单匹配交易，由生产者根据不同品种草莓的种植时间和成熟时间，确定“订单提前期”（“提前期”是订单生产的关键，指从安排生产到收获的最短时间）。制定“供应日历”供消费者在网站上选择，信息在后台整合后由签约农户提出“生产申请”，经过消费者反馈确认后形成正式订单，付款预定。由核心企业制定质量保证体系，建立生产过程管理、可追溯体系和违约补偿制度，确保草莓的安全和质量，增强消费者的信任。支付方式和物流配送可以采用灵活的电子商务模式。基于订单和计划的按需生产，缓解“卖难买贵”问题，将传统的先生产后销售的过程转变为逆向订单农业过程，通过“订单”有效地满足大众对安全高端农产品的需求。

电子商务在线销售渠道是近年来新兴的销售渠道，但对草莓有很大的限制。第一是草莓的易坏性，草莓受到轻微的磕碰就会极易腐烂，在运输过程中保证草莓不受磕碰是很大的要求。第二是草莓的储存需要特定的温度，温度稍高或低就会腐烂。第三是保存时间，草莓不适合远距离运输，时间长会使草莓失去新鲜感，对味道和外形影响十分严重。

近年来，新型物流模式的发展对草莓电子商务的销售产生了一定的影响，如同城、当日达、闪送等新型的草莓销售渠道在日渐崛起。消费者直接与生产商沟通，通过各种快递方式，让草莓直接到达消费者手中。此渠道与电子商务渠道之间存在一些差异，电子商务渠道最终不一定直接是消费者，有可能会销售给其他的中间商，最后到达消费者手中，而这种新型的当日达渠道，是指通过快递等运送，将产品直接送到消费者手中。但是这种渠道需要生产者能够熟练使用购买软件，且要与顺丰、每日优鲜和闪送等快递机构达成合作战略，且要求能够当天到达。但这个渠道对生产者来说利润较高，能直接获得消费者的需求和心理，对于消费者来说更方便，因此这种新渠道正在逐步兴起。

参考文献

陈怀勐，赵彬，刘瑞冬，等. 2012. 草莓现代化高效育苗技术[J]. 中国蔬菜（11）：50–52.

谷军，王丽文，雷家军. 2015. 新编草莓栽培实用技术[M]. 北京：中国农业科学技术出版社.

林翔鹰，郝晓霞，王敏. 2010. 草莓无公害高产栽培技术[M]. 北京：化学工业出版社.

吕佩珂. 2018. 草莓蓝莓树莓黑莓病虫害诊断与防治原色图鉴[M]. 北京：化学工业出版社.

马华升，孙晓法. 2015. 鲜食草莓设施生态栽培技术[M]. 北京：中国农业出版社.

唐梁楠，杨秀瑗. 2013. 草莓优质高产新技术[M]. 北京：金盾出版社.

杨莉，郝保春. 2011. 草莓优质高产栽培技术[M]. 北京：化学工业出版社.

杨莉，杨雷，李莉. 2015. 图说草莓栽培关键技术[M]. 北京：化学工业出版社.

赵霞，周厚成，李亮杰，等. 2017. 草莓高效栽培与病虫害识别图谱[M]. 北京：中国农业科学技术出版社.

周晏起，卜庆雁. 2012. 草莓优质高效生产技术[M]. 北京：化学工业出版社.